纺织服装高等教育"十二五"部委级规划教材
武汉市科技局重点攻关项目（201160723220）

服装立体裁剪基础

陶　辉　著

东华大学出版社

图书在版编目（CIP）数据

服装立体裁剪基础/陶辉著. —上海：东华大学出版社，2013.3
ISBN 978-7-5669-0240-5

Ⅰ.①服… Ⅱ.①陶… Ⅲ.①立体裁剪—高等学校—教材 Ⅳ.①TS941.631

中国版本图书馆CIP数据核字（2013）第054367号

责任编辑 杜亚玲
封面设计 潘志远

服装立体裁剪基础
FUZHUANG LITI CAIJIAN JICHU

陶 辉 著

东华大学出版社出版
（上海市延安西路1882号 邮政编码：200051）
上海盛通时代印刷有限公司印刷
新华书店上海发行所发行
出版社网址：http://www.dhupress.net
天猫旗舰店：http://dhdx.tmall.com
开本：889mm×1194mm 1/16 印张：13.5 字数：407千字
2013年3月第1版 2019年8月第5次印刷
ISBN 978-7-5669-0240-5
定价：35.00元

内容简介

　　服装立体裁剪是服装设计专业及相关方向的一门核心专业课程，它是技术能力与艺术修养的综合体。随着我国服装业的进一步发展，服装个性化趋势，立体裁剪在现代服装中的运用越来越广泛，甚至成为服装品牌核心竞争力之一。该教材根据作者的教学讲义编撰而成，该讲义已在近几年的本科立体裁剪教学中使用并取得了非常好的教学效果。本教材从局部到整体，从基础到提高，通过选择有代表性的款式讲述立体裁剪的技术要领，并对立体裁剪的重点部分进行了阐述，强调技术的规范性和可操作性，同时通过运用拓展和作品赏析环节提供了大量的学生课堂实践练习作品和具有典型性的成衣设计作品，为启发和提升学生的设计思维以及课后的拓展学习提供了可借鉴的范例，有利于学生将立体裁剪跟设计结合起来，使立体裁剪不再是单纯的技法学习，而是成为实现和提升设计的有效手段。本教材不仅适用于服装设计专业及相关方向的硕士、本科、大专教学，同时也是广大服装爱好者自学服装立体裁剪的一本内容详实图片清晰信息量大的参考教程。

　　由于编者水平的局限和编撰过程中的技术因素，本书仍不可避免地存在一些不足，恳请专家学者批评指正。

陶　辉

2013.3.20

目　录

第三章　基础型裁剪

第四章　省道转移

本章重点

了解立体裁剪的作用。

本章难点

了解立体裁剪与平面裁剪的各自优势。

思考与练习

1. 立体裁剪的运用范围。

2. 立体裁剪与平面裁剪的比较。

第一章

综　述

一、概述

立体裁剪是区别于服装平面制图的一种裁剪方法，是完成服装款式造型的重要手段之一。设计师将布料覆盖在人台或人体上，利用面料自身的特性，例如伸缩性、悬垂性等，通过定位符号，运用分割、折叠、抽缩、转移、拉展等技术手法直接在人台或人体上进行裁剪，从而获得理想的服装造型。立体裁剪主要运用在高级时装定制业，现代工业生产中往往利用立体裁剪获得更为理想的服装板型，将从人台或人体上取下的布样在平台上进行修正，并转换成服装纸样再进行成衣生产制作。

立体裁剪这一造型手段是随着西方服饰文明的发展而产生和发展的。西方服装造型发展历经了：非成型、半成型和成型三个阶段，每个阶段都代表了西方服装史的发展过程，而立体裁剪产生于服装发展的第三个时期，也就是历史上的哥特时期。在这一时期，随着西方人文主义哲学和审美观的确立，在北方日耳曼窄衣文化的基础上逐渐形成了强调女性人体曲线的立体造型，也是立体裁剪造型方法雏形的形成。随着19世纪高级时装业的发展，立体裁剪得到了空前的发展，也使立体裁剪造型方法成为高级时装定制中不可或缺的一个标志性的组成部分（图1-1）。伴随

图1-1

着经济全球化，时装早已超越国界，立体裁剪技术也日趋多元化，具有较大影响力的分别为法国立体裁剪、美国立体裁剪、意大利立体裁剪、英国立体裁剪和日本立体裁剪。

二、立体裁剪的特征

1. 强调主客体的有机结合

立体裁剪能够使设计师较好地表达其对人与衣之间的关系的理解，服装的主体是人，人本身具有形态美、神态美，通过直接交流、接触能进一步激发设计师的创作激情，使衣与人交相辉映、融为一体。因此，在整个造型过程中，应该确立以人为中心的基本概念。人是有思想有情感的，处于不断运动的状态中，因此，立体裁剪的造型设计不仅是在缝制一件衣服，也是创造一个理想的着装风范。在具体的操作中要从人着装的全过程(包括静态和动态)、服装的廓型和轮廓、结构与空间、动与静、机能性、舒适度以及审美心理等多方面进行思考。

2. 技术与艺术的结晶

服装立体裁剪又称为服装结构立体构成，是通过技术使设计得以实现的过程。一个优秀的设计师，应在款式造型和板型制作方面具有技能精良、程序规范和操作到位的能力，更应该将艺术之美融入到造型和裁剪之中，正确体现设计意图，体现它的审美性、艺术性和独创性。整个立体裁剪的过程实际上就是技术与艺术的交融过程。图1-2-1~图1-2-3为香港理工大学学生习作。

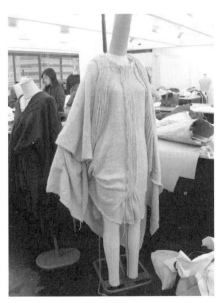
图1-2-1

图1-2-2

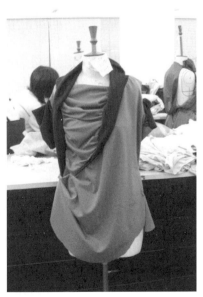
图1-2-3

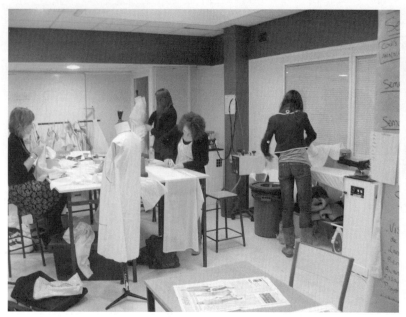

图1-3

3. 特定的使用范围

立体裁剪具有其自身的特点，因此具有其特定的使用范围，可以用于：①服装造型为不规则褶皱、垂褶、波浪、不对称等形式，极富立体感，无法或很难将造型展开为平面图形；②服装使用轻薄、柔软、固定性差，但悬垂效果良好的材料，在裁制、剪切时具体部位不加固定难以操作；③特别强调立体造型的、需要缝制前进行修正的服装。目前在高级时装中多使用立体裁剪的方法，尤其在成衣设计中多使用立体裁剪的手段来修样。（图1-3）

4. 相对昂贵的制作成本

立体裁剪具有直观、成功率高、立体感强且富于变化、便于修改等优势，但是在定型产品的结构处理上不如平面结构方便快捷，制作需要的时间较长；在材料方面，立体裁剪对材料工具的依赖比较大（坯布、人台等），经济成本也相对较高，除此之外，人工操作的手法与熟练程度对服装的成型效果有很大的影响，对人工操作技术的要求较高，因此，立体裁剪的制作成本是相对昂贵的。

5. 具有较强的可操作性

立体裁剪的构思过程不同与平面裁剪，它既可以先绘好效果图，依图造型，也可以仅在一个抽象的构思基础上直接设计，因为立体裁剪技术的一个突出的特点就是可操作性较强，即在操作过程中可随时调整原始设计，因此，采用立体裁剪技术有利于设计的完善和加强，另外将面料直接披挂在人台或人体上，根据面料自然的形态而产生的设计灵感也是立体裁剪的构思过程。

三、立体裁剪的应用

1. 用于单独定制的立体裁剪

单独的服装定制是立体裁剪的初始目的，通过对着装对象身体特征以及着装目的等相关方面的分析了解，采用量体、假缝、试穿等一系列手段，进行反复的修改、试制，使服装达到形神兼备。这种严谨、奢华的制衣方法一直延续到今天的高级服装定制中。（图1-4-1、图1-4-2）

2. 用于成衣生产中的立体裁剪

用于成衣生产中的立体裁剪是单独定制方法的延续与发展。随着人类服装文明的进步，出现了不同规格的人体模型，它们为服装工业化的成衣生产奠定了基础。设计师可以直接利用标准的人体模型进行服装样式的设计并通过平面化的转换获取相关的尺寸用于成衣化的生产。（图1-5）

图1-4-1

图1-5

图1-4-2

图1-6-1

图1-6-2

图1-6-3

3. 用于其他方面的立体裁剪

　　由于立体裁剪本身具有较强的表现性和创造性，其在造型手段上的可操作性，除用于生产的同时，也较多地运用于服装展示设计，如橱窗展示、面料陈列设计、大型的展销会的会场布置，其夸张、个性化的造型在灯光、道具和配饰的衬托下，将款式与面料的尖端流行感性地呈现在观者眼前，体现了商业与艺术的结合。此外教学中采用立体裁剪方法着重用于提升学生对款式的分析与理解，从而培养学生的创新能力。（图1-6-1~图1-6-3）

四、立体裁剪与平面裁剪的比较

1. 立体裁剪的优势

1）立体裁剪是以人台或模特为操作对象，因此直观效果好、适体性强、便于作品的修改，能较好地突显穿着者的精神风采。

2）立体裁剪实际上是服装的二次设计，集造型设计、结构设计以及工艺手法为一体，其操作过程实质上就是一个美感体验的过程，因此立体裁剪有助于设计的完善。（图1-7-1、图1-7-2）

图1-7-1

图1-7-2

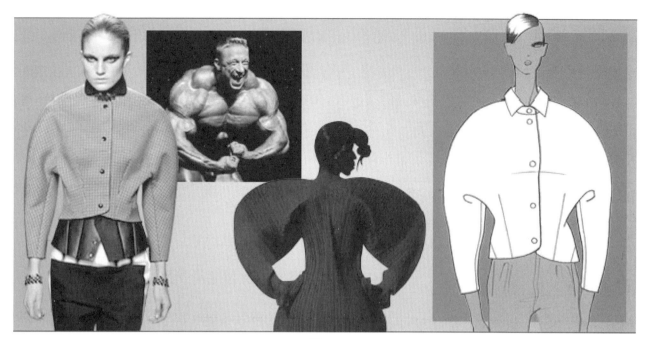

图1-8

3）立体裁剪强调实验性、创造性。实验性体现在新的表现手法、新材料、新技
术、前瞻性、立体空间、解构主义；平面裁剪则是经验性的裁剪方法，强调规
范性、规律性，对于抽褶、披挂等无规律可寻的东西往往难以实现。（图1-8）

2. 平面裁剪的优势

1）平面裁剪是实践经验总结后的升华，因此具有很强的理论性、科学性。

2）平面裁剪的比例分配合理、结构尺寸相对固定，具有较强的可操作性。对于
西装、笳克、衬衫等定型产品而言是提高生产效率的一个有效方式。

3）平面裁剪操作简便、成本低廉，便于推广学习。

五、立体裁剪的学习方法

1. 整体与局部关系的协调

　　立体裁剪中的局部表现力较强，由于手法丰富，容易出现过于关注局部，忽略整
体的现象。因此操作中既要有闪光的局部形式，同时也要注意整体效果的把握。提高
立体裁剪的操作技能，除了善于把握面料造型技巧、还需具有衣片的组合变化的表现
力和创造力。通过从局部造型到整体板型的确认、从样布到最终材料、从静态到动态，
在创新意识的推动下，进一步加深对基础技能的认知。（图1-9-1、图1-9-2）

图1-9-1

图1-9-2

2. 不同裁剪方法的相融共生

服装的裁剪方法各有千秋，只有充分了解掌握彼此特点，认识彼此的长处，抱着相互借鉴、取长补短的态度，才能够做到融会贯通、取长补短。立体裁剪是对平面裁剪的补充完善，平面中许多难以完成的造型可借助立体裁剪的方法完成。因此，在一个理想的造型完成的过程中，往往是平面与立体相结合。

3. 注重基本技法的学习与掌握

立体裁剪的表现技法需要系统的学习才能掌握，有些地方甚至需要一对一的传授才能收到应有的教学效果。在完成具有一定创意的服装造型之前，需要掌握立体裁剪的基本技巧，同时也要避免重表面效果，轻造型基础的错误认识，导致出现好看不好穿、好看不能穿的结果。

立体裁剪主要通过抽褶、堆积、绣缀、缠绕、编结等独有的技术手法来丰富作品的设计语言。立体裁剪的操作手法和技巧对最终结果的准确性影响极大，而这种手法又不能像平面裁剪中通过定量获得，需要反复的练习。

4. 培养立体空间的思维习惯

传统的平面裁剪方法在我国历史悠久，无论是在生产领域还是教育领域都发挥着重要的作用，成为目前我国服装造型的主要方法。因此加强对立体裁剪方法的认识和训练，有助于服装空间造型思维的培养。

5. 优秀作品赏析、临摹

优秀的设计作品被誉为无声的老师。单从技法层面而言，通过对不同表现手法的技法特点和运用规律临摹分析，可以了解设计大师的设计思想、设计风格以及对时尚潮流的把控能力,达到与大师对话的目的。我们借助优秀作品的赏析研究和变体练习,可以体验其设计理念、设计美学、着装方式、造型样式、解构和材料以及在细节处理上体现出的美的规律。(图1-10-1、图1-10-2）

图1-10-1

图1-10-2

本章重点

了解立体裁剪的基本工具与技术准备，学习衣身立体
裁剪的基本操作方法与衣身的修正。

本章难点

立体裁剪的技术原理。

思考与练习

1. 立体裁剪的必备工具。
2. 基础线的确定原则。

第二章
基础知识

一、立体裁剪准备

1. 工具与材料

　　性能卓越的工具是完成好立体裁剪工作的重要保障，因此，学习立体裁剪首先必须了解立裁的基本工具。立体裁剪所需的工具除平面裁剪时所需的剪刀、熨斗、尺笔等以外，还根据其自身特性增加了人台、珠钉、标识带等必备的一些专业用具。（图2-1、2-2-1、2-2-2）

1）人台：人台是立体裁剪中最为重要的一个工具，它包括工业用标准人台和专业用特种人台。同时人台还根据性别、年龄、体型和服装生产需求被分为不同类型。随着科技的不断进步，以及三维人体测量技术的使用，人台生产技术也不断提高，各种特色人台例如可伸缩性性人台，可定制人台都应运而生，常用人台型号为84。

2）坯布：立体裁剪多用白坯布作为代用布。白坯布性能稳定，没有花色干扰同时成本低廉。试样布则应尽量选择与面料质地相近的代用布，以保证产品最终的完整性与稳定性。

图2-1

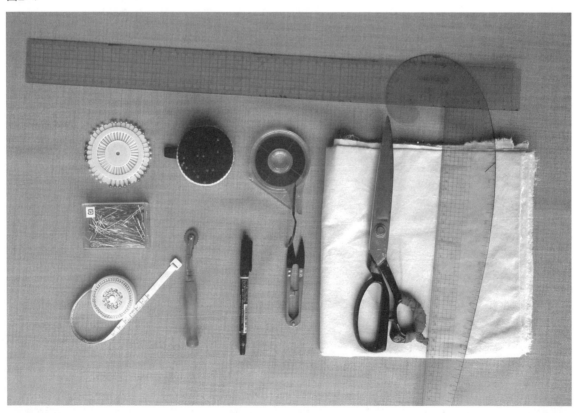

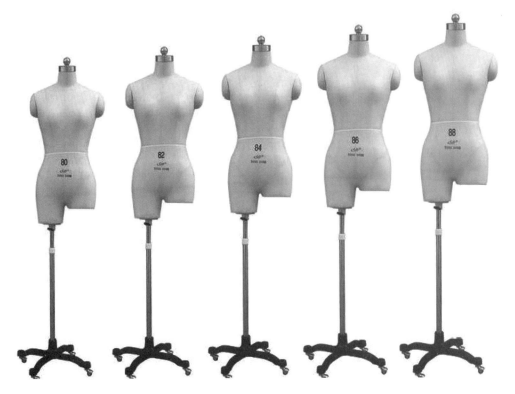

图2-2-1

3）珠针、针插：立体裁剪的专用大头针，针头有圆珠，好用力、针身细长，可以刺透多层布料。针插是专门用来插珠针的工具，表面用布包裹，芯为棉花等松软物体，底部为直径6厘米的圆形底座，由硬纸板，加上松紧带，固定于手臂上，方便珠针的取用。

4）剪刀：立体裁剪通常在人台上直接进行操作，工序复杂、耗时费力，采用的剪刀比常规的服装裁剪用剪刀小，一般可采用9#或10#剪刀，轻便易操作。

5）标识带：用于确定人台上标志线和服装造型线的黏合带，一般宽度不超过0.3厘米，以尽量减少误差。

6）其他：熨斗、记号笔、划粉、尺、有齿滚轮、复写纸、牛皮纸等。

2. 人台补正

一般说来，我们所采用的大多数人体模型都是用于工业生产的标准化模型，如果是用于成衣生产的立体裁

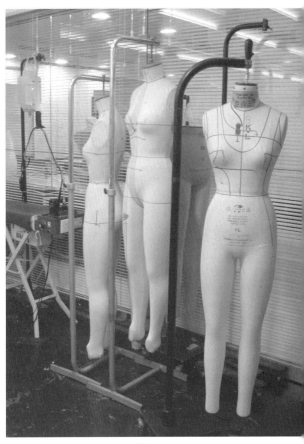

图2-2-2

剪，则只需选择相应号型的人台即可；如果是为单件定做，则需对现有人台进行相应地调整，补出不足之处，如胸围的大小、肩的高低、背部的厚度、腹部与臀部的丰满度等，尽可能地将人台调整到与穿着对象体型相近，人台补正多使用棉花、垫肩、坯布等材料。除了因特定对象的体型差异而进行的人台补正以外，对于某些特异造型的款式也同样需要对人台进行一定的整理，尤其是那些较为夸张的立体造型，则需给人台加上衬垫等支撑物。

3. 坯布的准备

立体裁剪一般采用白棉布作为代用布。所用的布料的丝道必须归正，许多坯布多存在着纵横丝道歪斜的问题，因此在在操作之前要用熨斗归烫布料，使平纹面料的经纬纱向垂直、布料平整。

校正经纬纱向的具体操作：用大头针挑出一根经纱线和一根纬纱线（与布边平行的纱线方向便是经向纱线，另一方向是纬向纱线），然后在空缺处嵌缝上一根红线去取代被抽出的纱线，以保证使用时面料纱向的正确。在裁剪布料时应先打一剪口，然后撕布，不宜用剪刀裁剪，不然易使纬纱歪斜。

另外，代用坯布衣片与正式面料复合时，也应保持两者纱向的一致性，这样才能保证成品服装与人台上的服装造型一致。

二、人台基础线的确定

1. 制作目的

　　基础线是立体裁剪过程中的对位线与参考线，是保证面料纱向正确的基础，因此必须在人台上准确、醒目地标识出基础线。

　　人台的基础线主要包括三围线、前后中心线、侧缝线以及颈围线、袖窿线等。其中三围线应保持水平，而前后中心线则保持垂直，同时人台与地面的垂直不应出现歪斜现象。

2. 制作步骤

1）胸围线：沿胸高点水平围绕一周，贴出标识带。可以通过观察人台的侧面，找出胸高点，同时注意水平围绕一周。操作时，可将人台放置在水平面上(如桌面)，以桌面为参照物,测量桌面与胸围线之间的垂直距离，以确保胸围线的平直。

2）腰围线：沿腰部最细处水平围绕一周，贴出标识带。（操作时可参照标胸围线的方法）

3）臀围线：从腰围线向下测量18厘米处，并沿此处水平围绕一周，贴出标识带。（操作时可参照标胸围线的方法）

4）前后中心线：从前颈中点和后颈中点垂直向下，分别贴出前后中心线。（图2-3-1~图2-3-3）

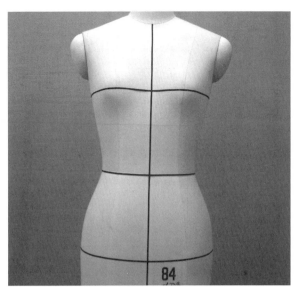

图2-3-1

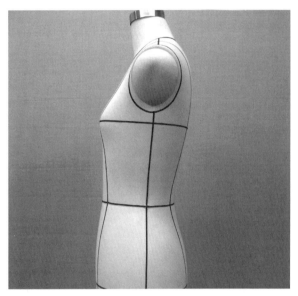

图2-3-2

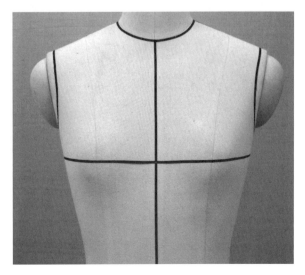

图2-3-3

5）侧缝线：通过手臂根围线下部中点，将人台侧面厚度二等分，垂直向下贴出标识带。

6）前后公主线：从肩线中部分别经过胸高点和肩胛骨向下标识出的一条自然线。在确定腰围、臀位点的位置时需要考虑女性的人体美。

7）肩线：侧颈点与肩端点相连，贴出标识带。

8）颈围线：沿人台颈根部围绕一周，圆顺贴出标识带。

9）袖窿线：应按照胸围的42%来确定袖窿，但可根据需要进行调整，保证袖窿弧线的流畅。操作时，袖窿线上端从肩端点劈进1厘米，下端从胸围线向上量取2厘米。（图2-3-4~图2-3-7）

10）背宽线：经过肩胛骨凸点贴出水平线，一般为后颈点垂直向下10厘米左右。（图2-3-7）

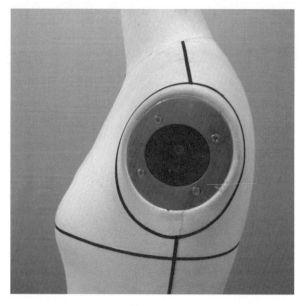

图2-3-4

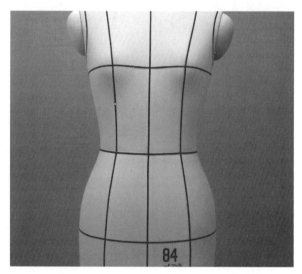

图2-3-5

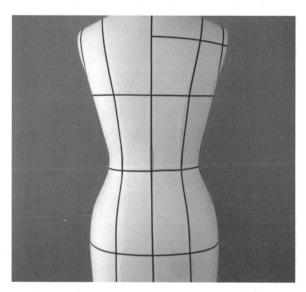

图2-3-6

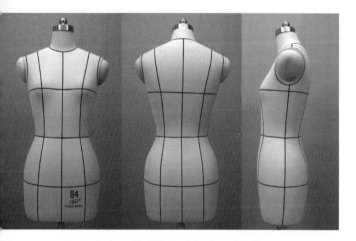

图2-3-7

三、假手臂的制作

1. 制作材料

假手臂主要用于袖子的立体裁剪，制作假手臂主要有棉布、棉花或腈纶棉、硬纸板、针线等材料。

2. 制作步骤

1）制作布手臂纸样：布手臂由两层布组成，内层使用斜纱布用来包裹填充料，同时便于弯曲成型，为一片袖结构，外层布料具有挺括、牢固、稳定的特征，必须使用直纱，采用两片袖结构。

人体模型的臂根尺寸＝42％胸围

布手臂的腕围＝20％胸围

布手臂的臂围＝33％胸围

布手臂的臂根对角线＝21％胸围

布手臂的腕围＝1.5/5臂山高

布手臂的后臂山高＝3/5臂山高

2）布手臂的布料剪切：按照平面制图裁出袖片，内层采用45度斜纱，外层采用直纱。

3）布手臂的布料缝合：缝合内、外层布料，再按手臂形态进行适当调整，以符合手臂造型。（图2-4-1、图2-4-2）

4）布手臂的里布填充料：采用棉花和腈纶棉，尤其是外层要使用整片腈纶棉，以保证手臂的外观均匀、平整、光滑。（图2-4-3）

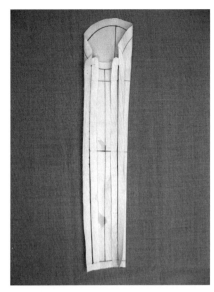

图2-4-1

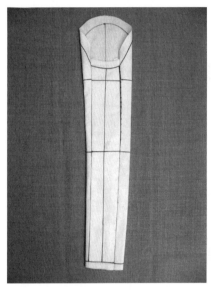

图2-4-2

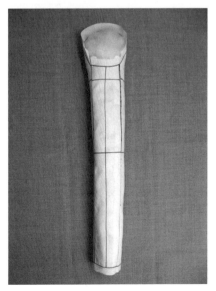

图2-4-3

5）布手臂的完成：调整好手臂造型后，完成
手腕和臂根挡板的制作。准备一根适当长
宽的布条，将布条固定于袖山边缘。（图
2-4-4~图2-4-8）

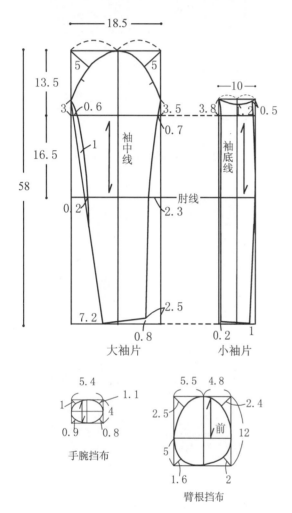

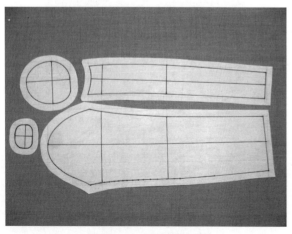

图2-4-7　平面制版图

图2-4-8　平面展开图

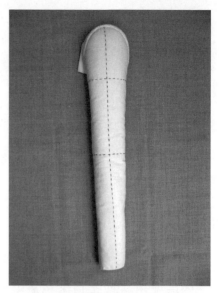

图2-4-4

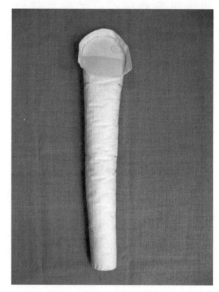

图2-4-5

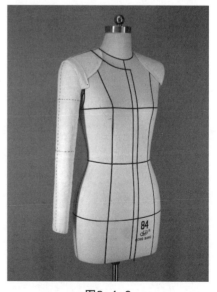

图2-4-6

四、面料固定方法

1. 基本要求

　　立体裁剪通过珠针来固定面料，各种款式的不同表现形式对针法的要求也各不相同，因此熟练的针法是立体裁剪必须掌握的基本功。同时针法的使用并非一成不变，它也会随着款式的变化以及使用者的习惯而有所改变。

2. 常见针法

1）固定法：常用V形固定法，将两根珠针以一定的角度斜向刺入固定。如需临时固定可采用单针斜向插入的方法。（图2-5-1）

2）叠合法：将一侧面料缝份内叠,再把两块面料重叠，用平行于布边的针法，将布料固定。（图2-5-2）

3）对合法：将两块面料相对，用平行于布边的针法，将布料固定。（图2-5-3）

4）撬合法：将一块面料折光后覆盖于另一块面料上，在布端入针、刺入下层布后挑出，多用于装袖及省道的缝合。（图2-5-4）

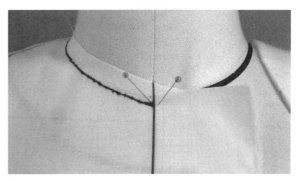

图2-5-1

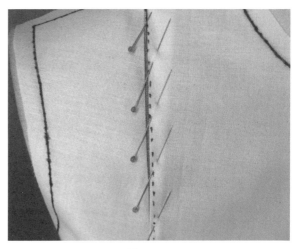

图2-5-2

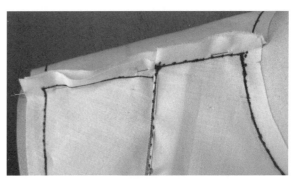

图2-5-3

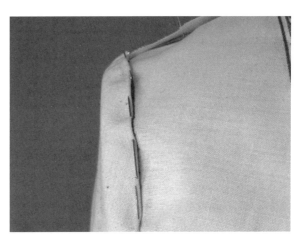

图2-5-4

本章重点
学习衣身立体裁剪的基本操作方法与衣身的修正。

本章难点
立体裁剪中服装松量的处理。

思考与练习
适体衣型的操作与整体衣身稳定性的把握。

第三章

基础型裁剪

一、基础型的理论

1. 基础型的概述

衣身基础型是最基本、最原始的衣身纸样，是一切变化款式的基础。它从人身体的结构角度出发，解析人与衣之间的基本关系。其中包括衣片的构成原理、款式造型以及省的产生、运用等诸多方面的知识。

2. 基础型的分类

基础型可以分为腰节以上的基本衣身和在基础衣型的基础上，前片延伸到臀部，整个衣身为更完整的适体衣型，在基础型的实际操作中，对于左右片对称的服装，根据习惯通常只做出前身的右衣片和后身的左衣片。（图3-1）

图3-1

二、基础型及其操作方法

1. 基础型的操作步骤

图3-2-a　前片款式图

图3-2-b　后片款式图

款式说明：

　　最常用最简洁的一种服装造型，主要由肩省和腰省构成，体现了一种合体的着装形态。基础型往往都是表现为一种对称的方式。（图3-2）

操作步骤：

1）前衣身布料的长度为从侧颈点到腰围线的距离，再加放8~10厘米，宽度为通过胸高点从前中线到侧缝线的距离，再加放8~10厘米，裁剪出一块经向纱向的布料。由于前中心线门襟处需要一定的叠

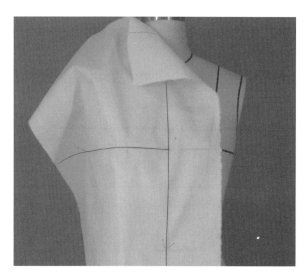

图3-2-1

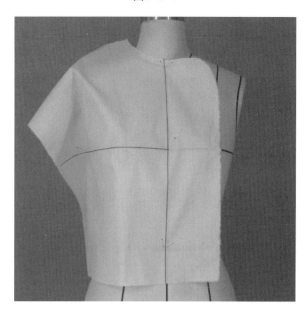

图3-2-2

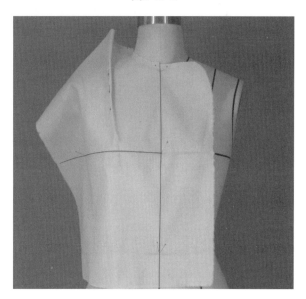

图3-2-3

放量，在距布边留出至少4~10厘米处画
出前中心线，同时画出胸围线。因胸部
乳沟处用针固定会使布凹陷，造成造型
的平整性较差，所以也可在另一胸高点
处固定布幅的中间部位。

2）将确定好前中心线和胸围线的布料覆于
人台上，与人台上的同名称线条重合，
并用珠针将布料固定在人台上。（图
3-2-1）

3）将领口处进行粗裁，可沿领口线处增加
剪口处理。（图3-2-2）

4）将余量推向肩部，使布料与领口贴服，固定
肩点，将多余的量平顺的推至肩部集合，形
成肩省，用珠针固定。（图3-2-3）

5）同时将胸围线以下多余的量推到BP点下
方，形成腰省量，用珠针固定。同时将
腋下布料顺势向下抹平，保留一定的松
度，可用手在胸围线处向前中心线方向
顺势推出适当松量，然后确定侧缝线的
位置并固定，可在下摆处打剪口以保证
衣身服贴。（图3-2-4）

6）后片布料的长度为从后颈点到腰围线的距
离，再加放10厘米，宽度为后中心线到侧
缝线的距离，再加放8~10厘米，裁剪出
一块经向纱向的布料，并在距布边5厘米
的地方画出后中心线和背宽线，背宽线为
通过后背肩胛骨最高处延伸出来的线，因
人台后背较平坦不易找到此线，所以在操
作时可在后颈中点向下7~8厘米处做一垂
直于后中心线的水平线。

7）以自然服贴状态将布料与人台同名线条
复合，注意不要用力拉扯，后中线和
背宽线处用珠针固定，领口进行粗裁。
（图3-2-5）

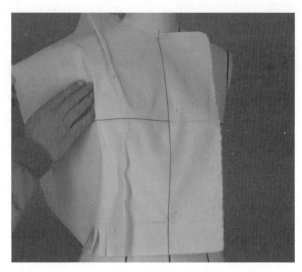

图3-2-4

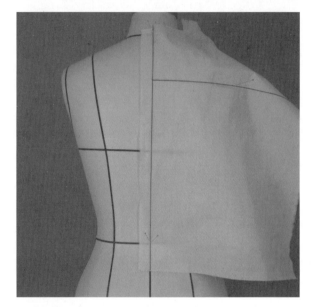

图3-2-5

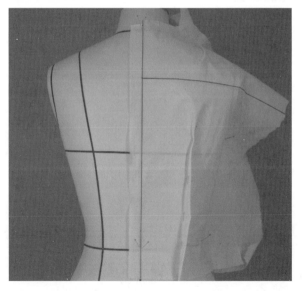

图3-2-6

8) 将肩部余量集中至肩部，形成肩省并固
   定，再将腰部余量推至背宽线下方，形成
   腰省量并用珠针固定，将袖窿下方布料顺
   势抚平至侧缝，并固定侧缝，注意留有一
   定的松量（由于后肩省量较小，故工艺处
   理上往往将其做缩缝处理，或转到袖窿处
   做松量处理）。（图3-2-6）

9) 初步整理后，将衣身前片的袖窿和侧缝
   进行粗裁（剪口要留出缝份，不要超过
   袖窿线和侧缝线）。（图3-2-7）

10) 用同样的方法将衣身后片下摆处打适量
    剪口，以保证服贴。将领口多余的面料
    进行粗裁。（图3-2-8）

11) 整理好后片，将袖窿和侧缝多余布料做
    一粗裁。（图3-2-9）

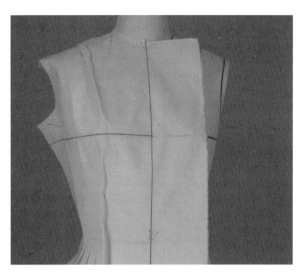

图3-2-7

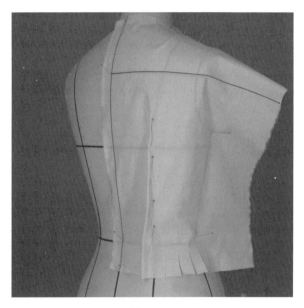

图3-2-8

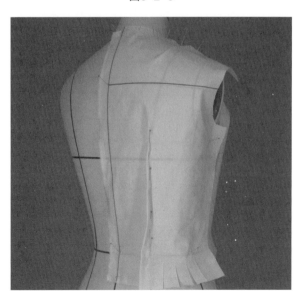

图3-2-9

12）调整衣身的松量，注意整体应该保持身体所需的基本活动量。（图3-2-10）

13）确定衣身的松量后，将前后衣片别合，注意整体衣身不要拉扯，使其呈现自然的状态，保持造型的稳定性。（图3-2-11）

14）当上述工作完成后，再一次确认外观造型的完整性是否符合要求，参考人台标识线在布料上做出点画标记线，如领口线，肩线，袖窿线，侧缝线，腰线，并将肩省和腰省也分别作好标记。（图3-2-12）

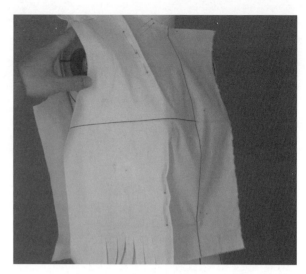

图3-2-10

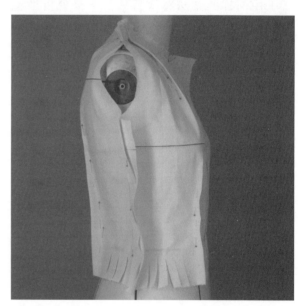

图3-2-11

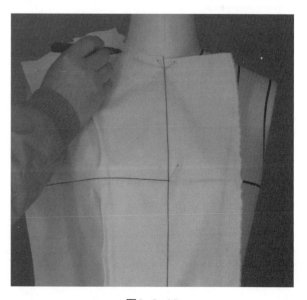

图3-2-12

15）将衣片取下平铺，根据点影线精确画出标记线，并保留1厘米左右的缝份，其余的修剪掉，完成衣身基础型操作全过程。（图3-2-13～图3-2-16）

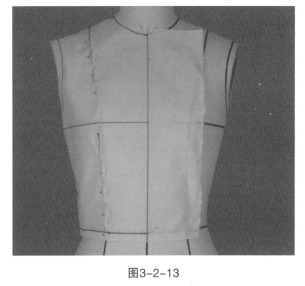

图3-2-13

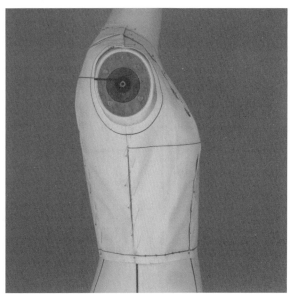

图3-2-14

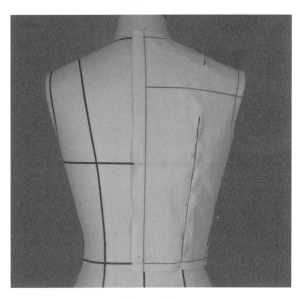

图3-2-15

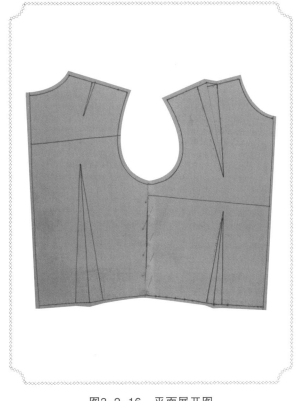

图3-2-16　平面展开图

2. 衣身的分析、修改

衣身基础型不仅包含了服装成型的基本原理，它还可以作为其他服装款式造型的基础。由于立体裁剪的立体操作技术难度较大，为保障服装的精确必须对人台上的服装做相关调整。

1）分别参考人台的标识线，在布料上作出相应部位的点画标记线，留出1.5厘米的缝份，其余的布料修剪干净。将布料从人台上取置于平台上，用熨斗烫平。

2）用打样尺重新描顺领窝、袖窿弧线以及侧缝、肩缝等。

3）检查相关部位是否合理，利用拷贝纸、有齿滚轮、直尺、牛皮纸等工具，依据已完成样板拷贝出另一半的衣身完成左衣身。

4）将左右衣身用手针连接起来并重新固定在人台上，各相关部位如口袋、钮扣均按实样裁剪并置于相应的部位，以检查服装的整体造型是否完善。

三、服装松量的处置

主要有两种方法：

1. 推移法

在操作之前在胸宽处推出一定的松量，并用大头针临时固定，待成型后再放开。

2. 放置法

在立体裁剪完成之后，直接在侧缝处加放松量，一般而言，加放量不宜过大，大约在1~2厘米，过大会造成原有服装造型的不稳定，且前片加放量小于后片。

3. 衣身的修正

四、适体衣型及其操作方法

1. 前片

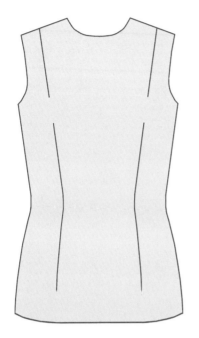

图3-3　前片平面款式图

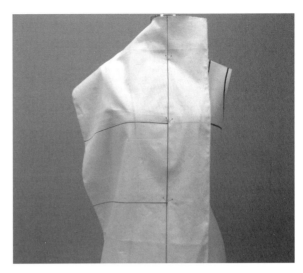

图3-3-1

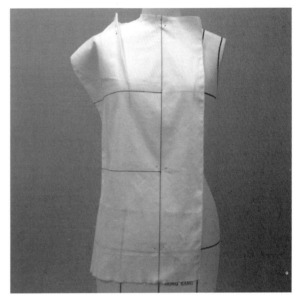

图3-3-2

款式说明：

　　将基础型衣长延伸到臀部，使整个衣身更为完整，并且在基础衣型的基础上，根据身体运动时所需的空间，衣身留有一定松量，从而更适合人体在动态时穿着。

操作步骤：

1）前衣身布料的长度为从侧颈点到臀围线的距离，再加放10厘米，宽度为通过胸高点从前中线到侧缝线的距离，由于胸部乳沟处用针固定会使布凹陷，造成布长度不足，所以前中心线一侧加放10厘米，共加放15厘米，裁剪出一块经向丝缕的布料。在距布边留出至少10厘米处画出前中心线，并垂直于前中心线画出胸围线。

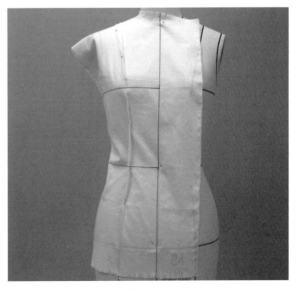

图3-3-3

2）将确定好前中心线和胸围线的布料覆
　　于人台上，与人台上的同名称线条重
　　合，并在前中心线、胸围线和臀围线处
　　分别用珠针将布料固定在人台上。（图
　　3-3-1）

3）将领口处粗裁，沿领口线处增加剪口处
　　理，将余量推向肩部，使布料与领口贴
　　服，固定肩点，将多余的量平顺的推至
　　肩部集合，形成肩省并用珠针固定。
　　（图3-3-2）

4）将腋下布料顺直向下抹平、固定，确定
　　出侧缝线的位置。同时将胸围线以下多
　　余的量推到BP点下方，形成腰省量并
　　用珠钉固定，同时确定侧缝线的位置并
　　固定，为使侧缝线的缝份不起皱，可
　　在腰部侧缝处加入必要的剪口。（图
　　3-3-3）

5）从腰侧将布料余量朝肩、腰处推移，保
　　持胸部的平整。为使袖窿处和腰部平
　　顺，分别在袖窿和腰口处打适量剪口
　　（剪口要留出缝份，不要超过袖窿线和
　　腰线）。（图3-3-4）

6）参考人台标识线在布料上画点做出各标
　　记线。（图3-3-5）

7）将衣片取下平铺，根据点影线精确画出
　　标记线，并保留1厘米左右的缝份，其
　　余的修剪掉，衣身前片基本完成。（图
　　3-3-6）

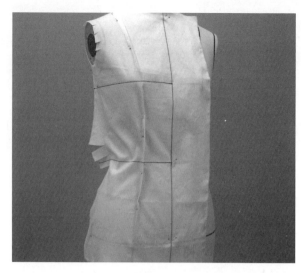

图3-3-4

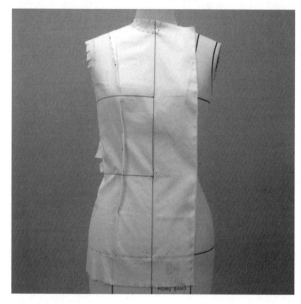

图3-3-5

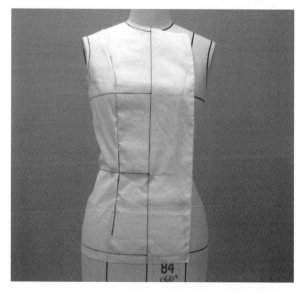

图3-3-6

2. 后片

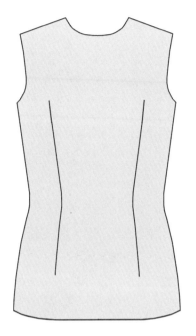

图3-4　后片平面款式图

款式说明：

　　同前片一样，与贴合身体的基础型后片相比留出相应的活动量，较为适体。

操作步骤：

1）后片布料的长度为从后颈点到臀围线的距离，再加放10厘米，宽度为后中心线到侧缝线的距离，再加放8~10厘米，裁剪出一块经向丝缕的布料。并在距布边3~5厘米处画出后中心线，同时画出背宽线垂直于后中心线。

2）将布料与人台同名线条复合，复合时一定要注意不要用力拉扯，以一种自然服贴状态为最佳，然后在后中线、背宽线和臀围线处用珠针固定。（图3-4-1）

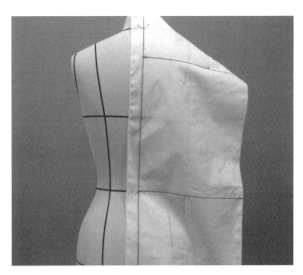

图3-4-1

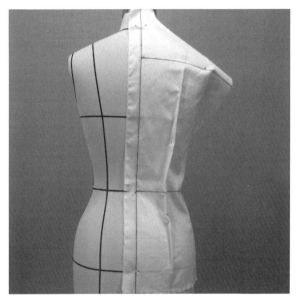

图3-4-2

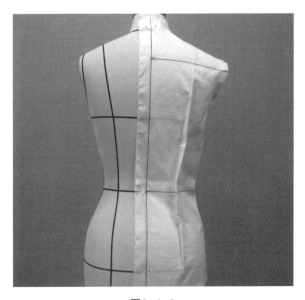

图3-4-3

3）将袖窿下方布料顺势抚平至侧缝，并固定侧缝线，将余量推至背宽线下方，形成腰省量并用珠针固定，注意留有一定的松量，并在腰部侧缝处打适量剪口。（图3-4-2）

4）将多余布料做一粗裁，分别在袖窿、领口处增加剪口，以使袖窿、领口平顺，留出2厘米缝份后剪去后中心线多余量，保持后中心线的平服。（图3-4-3）

5）由于后肩余量较少，往往将其做缩缝处理或转到袖窿处，因而所剩余量往往可以忽略不计。

6）分别参考人台的标识线，在布料上作出点画标记线，留出1厘米左右的缝份，其余的修剪干净。衣身后片基本完成。（图3-4-4）

7）将完成后的前后衣身从人台上取下，置于平台上，再做进一步的平面修正，或纸样的转换。（图3-4-5 ~ 图3-4-7）

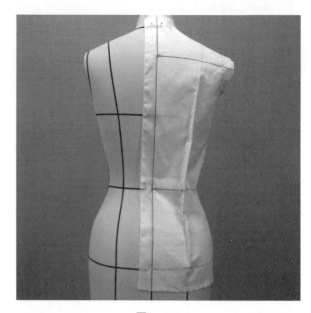

图3-4-4

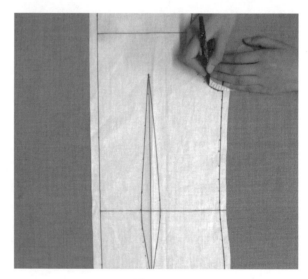

图3-4-5

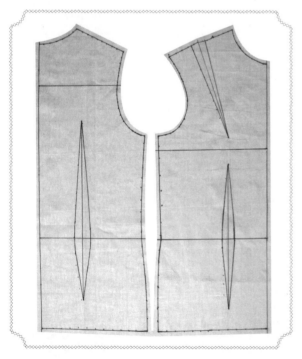

图3-4-7　平面展开图

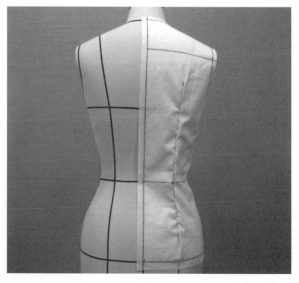

图3-4-6

本章重点

了解和掌握衣身变化的技术原理和方法。

本章难点

立体裁剪中省道转移的综合运用。

思考与练习

1. 基础省的转移练习。
2. 变化省形的设计练习。

第四章

省道转移

4

一、立体裁剪中省的运用

1. 省的概述

省是服装制作中对余量部分的一种处理形式，省的产生源自于将二维的布料置于三维的人体上，由于人体的凹凸起伏、围度的落差比、宽松度的大小以及适体程度的高低，决定了面料在人体的许多部位呈现出松散状态，将这些松散量以一种集约式的形式处理便形成了省的概念，省的产生使服装造型由传统的平面造型走向了真正意义上的立体造型。

2. 省的转移及运用

立体裁剪中省道转移的原理实际上遵循的就是凸点射线的原理，即以凸点为中心进行的省道移位。例如围绕胸高点的设计可以引发出无数条省道，除了最基本的胸腰省以外，肩省、袖窿省、领口省、前中心省、腋下省等，都是围绕着突点部位即胸高点对余缺处部位进行的处理形式——省的表现形式，而不对称省形是依据省道转移的基本原理进行的拓展设计，例如人字省、T形省、Y形省、S形省等，都可以遵循上述原理结合设计进行省道转移，省道转移的运用为适体装的造型多元化奠定了基础。

图4-1

二、基本省型及其操作方法

1. 腰省转移

图4-2 平面款式图

款式说明:

这是省形中最基本的一种形式,将全部余量转至胸点下方。

操作步骤:

1) 参考基础衣身前片的操作方法,在白坯布上画出胸围线和前中心线,并与人台复合。(图4-2-1)

2) 将领口粗裁,并在领口处打剪口,整理平整,把肩部余量推向腰部,并标出箭头。(图4-2-2)

3) 沿箭头所示方向,继续将胸部余量推向腰部,将腰部余量捏出腰省,并用大头针固定,省道指向BP点,同时在下摆处增加一定的剪口,以保证腰部的平顺。(图4-2-3)

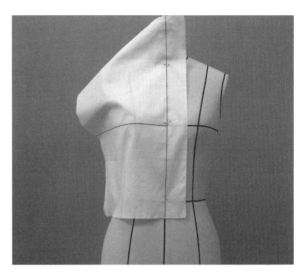

图4-2-1

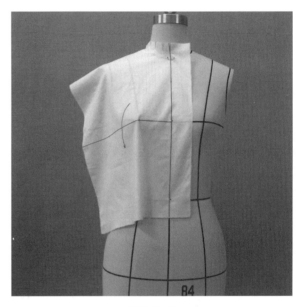

图4-2-2

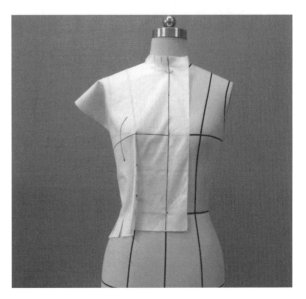

图4-2-3

4）剪去肩部、袖窿处及腰部的余布，将侧缝、袖窿做初步固定，并在袖窿处适当增开剪口。（图4-2-4）

5）整理好后，参考人台标识线在布料上作出点画标记线，如领口线、肩线、袖窿线、侧缝线、腰线，并将肩省和腰省也分别作好标记。（图4-2-5）

6）将衣片从人台上取下，平铺于平台上，根据点影线精确画出标记线，并保留1厘米左右的缝份，其余的修剪掉，做平面修正。前片衣身的腰省转移基本完成。（图4-2-6、图4-2-7）

7）衣身后片操作步骤参考基础型后片。

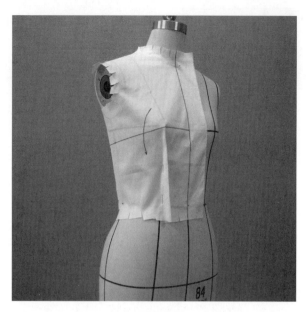

图4-2-4

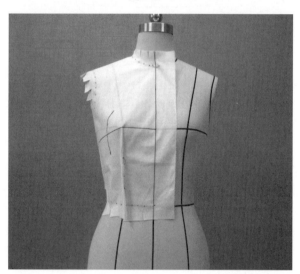

图4-2-5

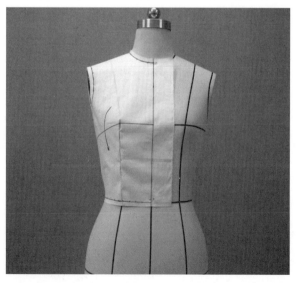

图4-2-6

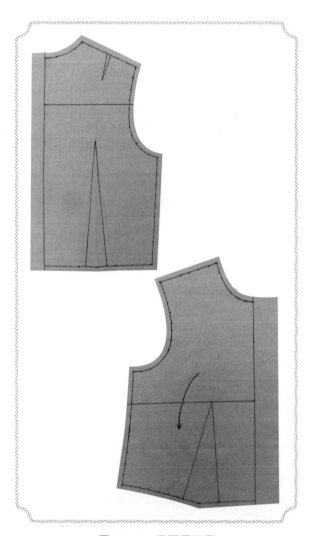

图4-2-7　平面展开图

2. 肩省转移

图4-3　平面款式图

款式说明：

　　这是省形中另一种基本形式，将全部余量转至肩部。

操作步骤：

1）参考基础衣身前片的操作方法，在白坯布上画出胸围线和前中心线，并与人台复合。（图4-3-1）

2）将领口粗裁，并在领口处打剪口，整理平整，把腰部余量推向肩部，并标出箭头。（图4-3-2）

3）沿箭头所示方向，继续将腰部余量推向肩部，在前肩宽中心处捏省，并指向BP点，用大头针固定，同时在下摆处增加一定的剪口，以保证腰部的平顺。（图4-3-3）

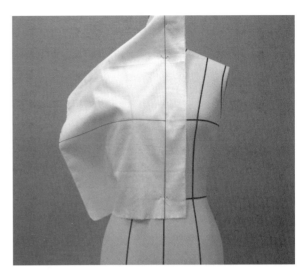

图4-3-1

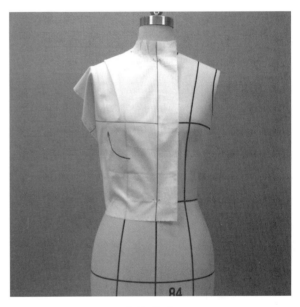

图4-3-2

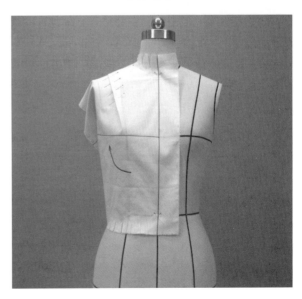

图4-3-3

4）剪去肩部、袖窿处及腰部的余布，将侧缝、袖窿做初步固定，并在袖窿处适当增开剪口。（图4-3-4）

5）整理好后，参考人台标识线在布料上作出点画标记线，如领口线、肩线、袖窿线、侧缝线、腰线，并将肩省和腰省也分别作好标记。（图4-3-5）

6）将衣片从人台上取下，平铺于平台上，根据点影线精确画出标记线，并保留1厘米左右的缝份，其余的修剪掉，做平面修正。前片衣身的肩省转移基本完成。（图4-3-6、图4-3-7）

7）衣身后片操作步骤参考基础型后片。

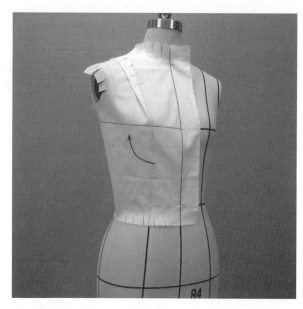

图4-3-4

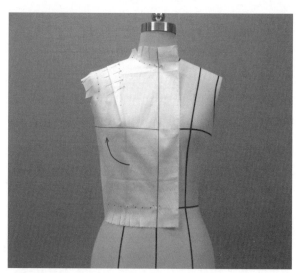

图4-3-5

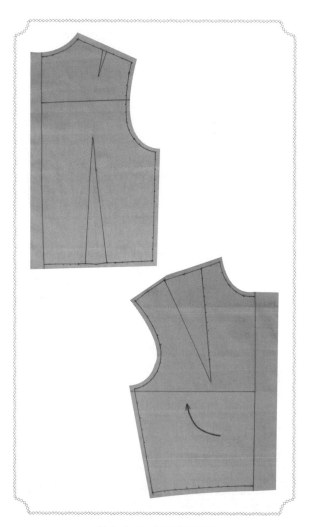

图4-3-7　平面展开图

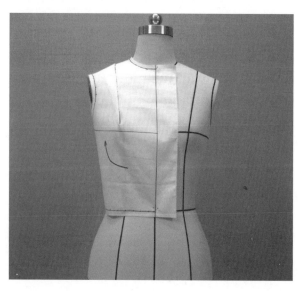

图4-3-6

3. 前中心省

图4-4　平面款式图

款式说明：

　　此款特点是将胸、腰省转至前中心线，形成新的省形。

操作步骤：

1）按照基础衣身的方法，画出胸围线和前中心线，然后将布料置于人台上，并与同名线条复合。（图4-4-1）

2）将前中心线固定住，沿箭头所指方向将余量由腰围处向前中心线推移。推移过程中要注意衣片前中心线的顺直，在腰口处打适量剪口以消除牵扯力，从而保证腰口的平顺。（图4-4-2）

3）进一步将余量向上转移，在保证其余部位平顺的基础上，将余量集中在所设计的部位，并将领部多余布料粗裁，在前中心线处捏出前中心省，省道指向BP点，并用珠针固定。（图4-4-3）

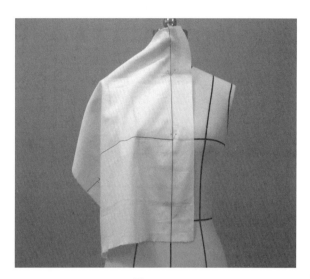

图4-4-1

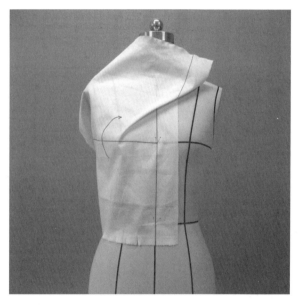

图4-4-2

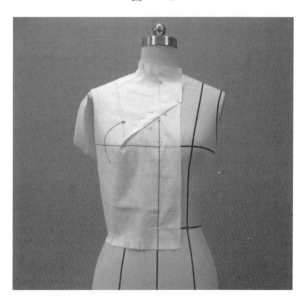

图4-4-3

4）注意袖窿、肩部和领口的平整，在受到牵扯的部位如领口、袖窿处应适当增加剪口。（图4-4-4）

5）整理好后，参考人台标识线在布料上作出点画标记线，如领口线、肩线、袖窿线、侧缝线、腰线，并将前中心省作好标记。（图4-4-5）

6）将衣片从人台上取下，平铺于平台上，根据点影线精确画出标记线，并保留1厘米左右的缝份，其余的修剪掉，做平面修正。前片衣身的前中心省基本完成。（图4-4-6、图4-4-7）

7）衣身后片操作步骤参考基础型后片。

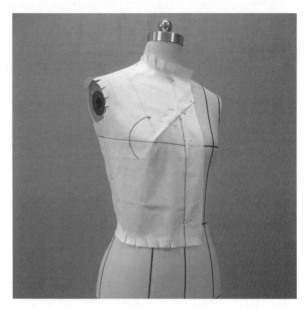

图4-4-4

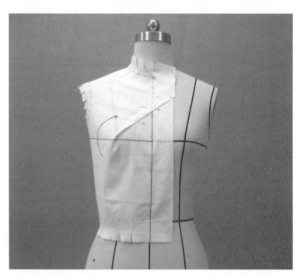

图4-4-5

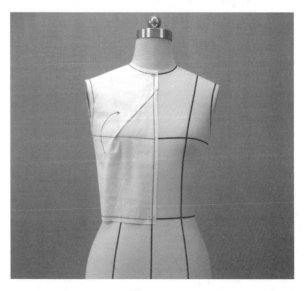

图4-4-6

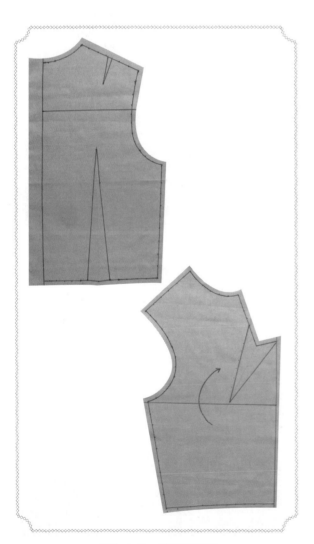

图4-4-7　平面展开图

4. 前中心双省

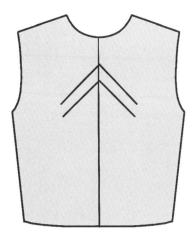

图4-5　平面款式图

款式说明：

　　此款特点是将胸、腰省转至前中心线，形成新的省形。

操作步骤：

1）按照基础衣身的方法，画出胸围线和前中心线，然后将布料置于人台上，并与同名线条复合。（图4-5-1）

2）将前中心线固定住，将余量由腰围处向前中心线推移。推移过程中要注意衣片前中心线的顺直，在腰口处打适量剪口以消除牵扯力，从而保证腰口的平顺。（图4-5-2）

3）进一步将余量向上转移，在保证其余部位平顺的基础上，将推移到前中心的余量分解为两个，沿箭头所指方向，在前中心线处捏出第一个省，并用珠针固定。（图4-5-3）

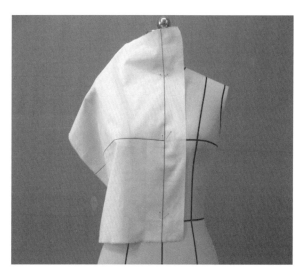

图4-5-1

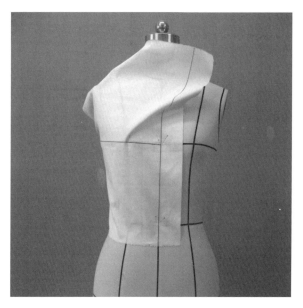

图4-5-2

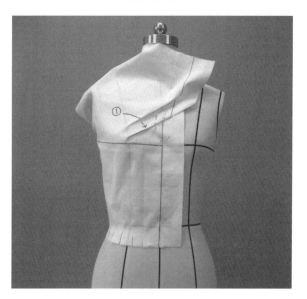

图4-5-3

4）将剩下的余量沿箭头方向捏出第二个前
中心省，并用珠针固定。（图4-5-4）

5）将领口及袖窿进行粗裁，注意袖窿、肩
部和领口的平整，在受到牵扯的部位如
领口、袖窿处应适当增加剪口。整理好
后，参考人台标识线在布料上作出点画
标记线，如领口线、肩线、袖窿线、侧
缝线、腰线，并将省道作好标记。（图
4-5-5）

6）将衣片从人台上取下，平铺于平台上，
根据点影线精确画出标记线，并保留1厘
米左右的缝份，其余的修剪掉，做平面
修正。前片衣身的前中心省基本完成。
（图4-5-6、图4-5-7）

7）衣身后片操作步骤参考基础型后片。

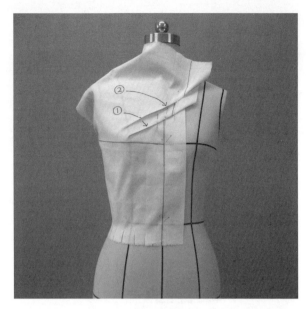

图4-5-4

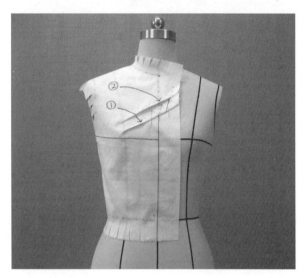

图4-5-5

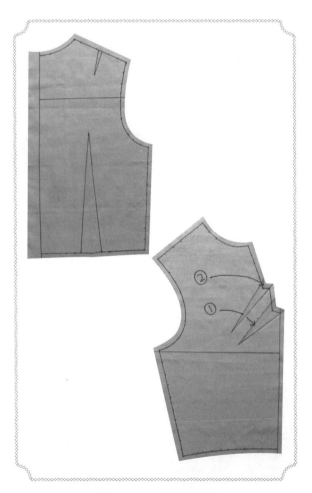

图4-5-7　平面展开图

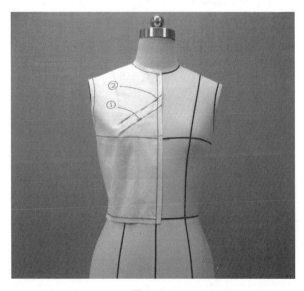

图4-5-6

5. 人字省转移

图4-6　平面款式图

款式说明：

　　该省形不同于前面的几种省形，其特点表现为两点，一是形式上的不对称，二是其中一省依附于另一省，因此也可称之为子母省或寄生省。

操作步骤：

1）此款为不对称造型，需取一块完整布料，宽=1/2胸围+8~10厘米，长=前腰节长+8~10厘米，画出前中心线和胸围线。用标识带标出人字省的位置，两省交汇于前中心线，将样布与人台同名线复合。（图4-6-1）

2）将松量沿箭头方向由下至上推移至新的省位。参考省型标识线将侧颈点处延伸至胸部的方向剪开，使另一边省道平服。（图4-6-2）

3）在保证其余部位平顺的基础上，将余量集中在所设计的部位，在前中心线处捏出较短的省道，并用珠针固定。在腰部打剪口，保持下摆平顺。（图4-6-3）

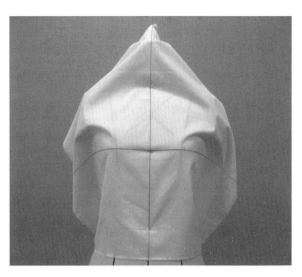

图4-6-1

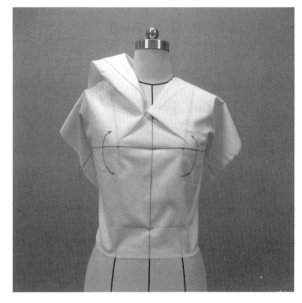

图4-6-2

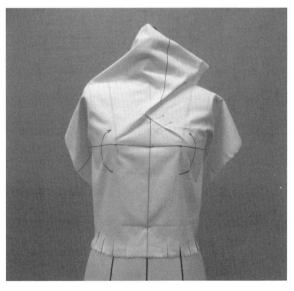

图4-6-3

4）将领口布料粗裁，并打剪口，使其服贴于颈部，同时将较长的省道整理平顺后复合于较短的省道上，并固定。（图4-6-4）

5）将袖窿、肩部和侧缝进行粗裁，在受到牵扯的部位如袖窿处适当增加剪口。整理好后，参考人台标识线在布料上作出点画标记线，如领口线、肩线、袖窿线、侧缝线、腰线，并将省道作好标记。（图4-6-5）

6）将衣片从人台上取下，平铺于平台上，根据点影线精确画出标记线，并保留1厘米左右的缝份，其余的修剪掉，做平面修正。前片衣身的人字省基本完成。（图4-6-6、图4-6-7）

7）后片参照基础型后片的操作方法。

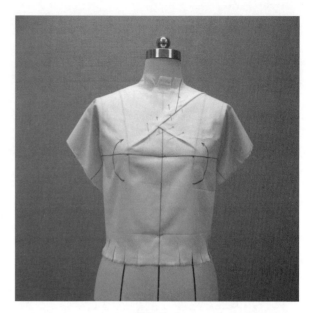

图4-6-4

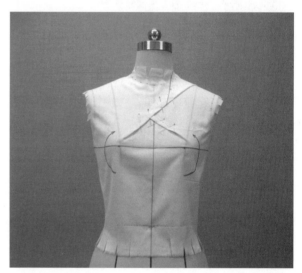

图4-6-5

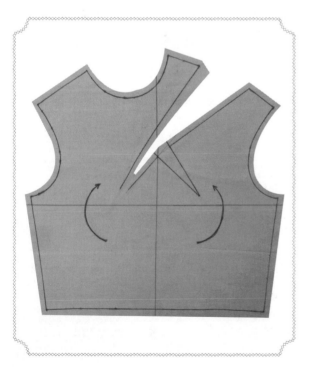

图4-6-7　平面展开图

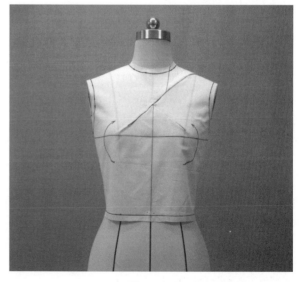

图4-6-6

6. Y形省转移

图4-7　平面款式图

款式说明：

　　Y形省与人字形省属于同一种类型，即都是非对称形，同时也是子母省。

操作步骤：

1）取一块完整布料，宽=1/2胸围+8~10厘米，长=前腰节长+8~10厘米，画出前中心线和胸围线。在人台上用标识带标出Y形省的位置，两省交汇于前中心线，将样布与人台同名线复合。（图4-7-1）

2）将松量沿箭头方向由上至下推移至新的省位。参考省型标识线将较长的省道剪开，以便另一边省道的平服。（图4-7-2）

3）在保证其余部位平顺的基础上，将余量集中在所设计的部位，在前中心线处捏出较短的省道，并用珠针固定。在腰部打剪口，保持下摆平顺。（图4-7-3）

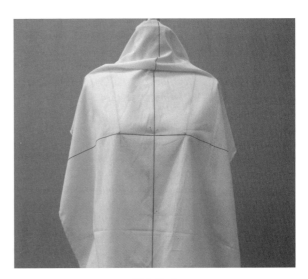

图4-7-1

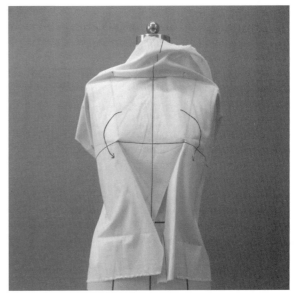

图4-7-2

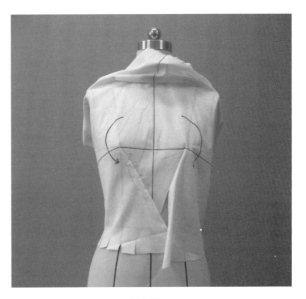

图4-7-3

4）将较长的省道整理平顺后复合于较短的省道上，用珠针固定。并在下摆打剪口，保持腰部平顺。（图4-7-4）

5）将袖窿、肩部和领口部位进行粗裁，在受到牵扯的部位如领口、袖窿处应适当增加剪口。整理好后，参考人台标识线在布料上作出点画标记线，如领口线、肩线、袖窿线、侧缝线、腰线，并将省道作好标记。（图4-7-5）

6）将衣片从人台上取下，平铺于平台上，根据点影线精确画出标记线，并保留1厘米左右的缝份，其余的修剪掉，做平面修正。前片衣身的Y形省基本完成。（图4-7-6、图4-7-7）

7）后片参照基础型后片的操作方法。

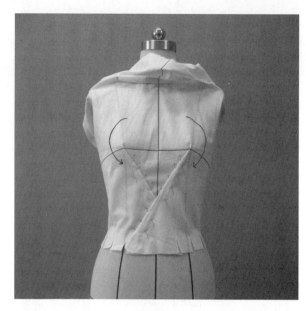

图4-7-4

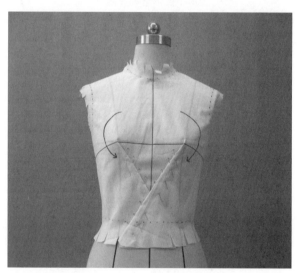

图4-7-5

图4-7-7　平面展开图

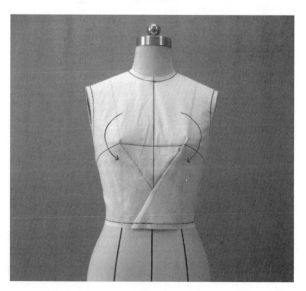

图4-7-6

7. 左右不对称省形

图4-8　平面款式图

款式说明：

　　此款特点是将胸、腰省分别转至衣身上下两个部分，形成新不对称的省形。

操作步骤：

1）取一块完整布料，宽=1/2胸围+8~10厘米，长=前腰节长+8~10厘米，画出前中心线和胸围线。在人台上用标识带标出不对称省的位置，省尖指向BP点，将样布与人台同名线复合。（图4-8-1）

2）将上下松量分别沿箭头方向推移至新的省位，左边松量向上往右边推，右边松量向下往左边推。（图4-8-2）

3）调整好松紧度后，将衣身上部分的省用珠针固定，标出对位记号。同时将领口粗裁，以保证领部的平顺，在适当的部位打剪口。（图4-8-3）

图4-8-1

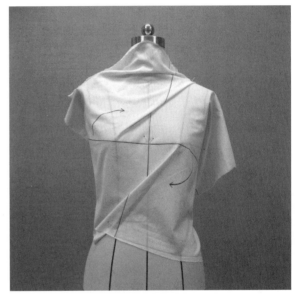

图4-8-2

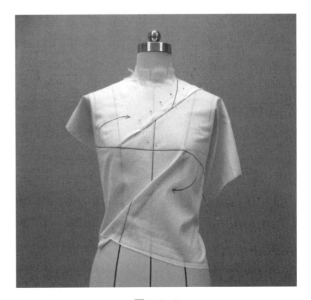

图4-8-3

4）调整好衣身下部分省后用珠针固定，标出对位记号。同时将下摆粗裁，以保证腰部的平顺，在适当的部位打剪口。（图4-8-4）

5）将袖窿、肩部和侧缝进行粗裁，在受到牵扯的部位如袖窿处应适当增加剪口。整理好后，参考人台标识线在布料上作出点画标记线，如领口线、肩线、袖窿线、侧缝线、腰线，并将省道作好标记。（图4-8-5）

6）将衣片从人台上取下，平铺于平台上，根据点影线精确画出标记线，并保留1厘米左右的缝份，其余的修剪掉，做平面修正，最终获得所需纸样。（图4-8-6、图4-8-7）

7）后片参照基础型后片的操作方法。

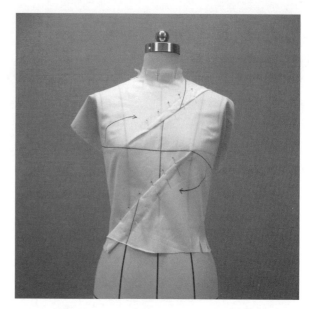

图4-8-4

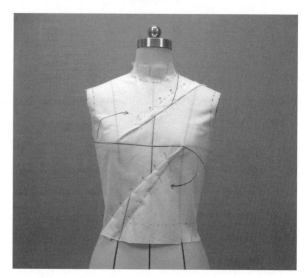

图4-8-5

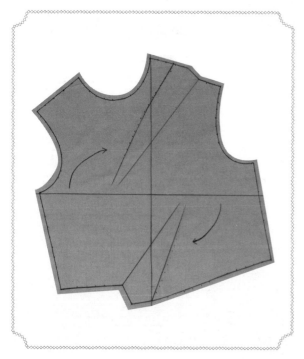

图4-8-7　平面展开图

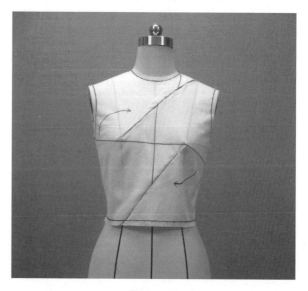

图4-8-6

8. 曲线形省道转移

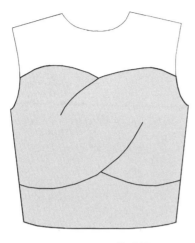

图4-9　平面款式图

款式说明：

　　此款省道转移打破常规的直线形省道形态，体现了省道变化的多样性，操作时一定要注意省的推移方向，同时要将省位剪开，以便于余量能够很好地转移。

操作步骤：

1）取一块完整布料，宽=1/2胸围+8~10厘米，长=前腰节长+5厘米，画出前中心线和胸围线。在人台上用标识带标出曲线形省的位置，将样布与人台同名线复合。（图4-9-1）

2）根据标识线确定省形，将余量按箭头所示分别推向左上方和右下方，并将省位分别剪开以便于很好地吸收余量，使造型更加平整。（图4-9-2）

3）调整好省形后用珠针固定，同时将衣身整体粗裁，胸部衣片转省基本完成。（图4-9-3）

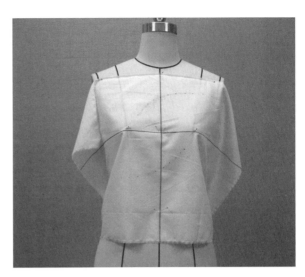

图4-9-1

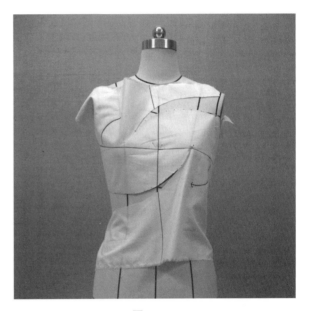

图4-9-2

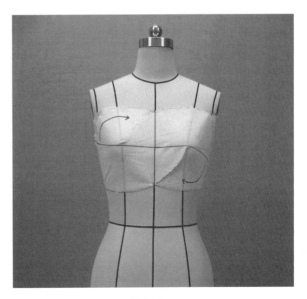

图4-9-3

4）另取一块宽=1/2胸围+8~10厘米，长=腰部剩余距离+5厘米的面料，画出前中心线并与人台同名线复合。留出一定松量后将余量分别推至侧缝处并固定，同时在下摆适当的部位打剪口，保证腰部平顺。（图4-9-4）

5）整理好后，参考人台标识线在布料上作出点画标记线，如袖窿线、侧缝线、腰线、分割线，并将省道作好标记。（图4-9-5）

6）将衣片从人台上取下，平铺于平台上，根据点影线精确画出标记线，其余的修剪掉，做平面修正，最终获得所需纸样。注意此款范例没有留缝份，转移至纸样时需加放1厘米左右的缝份。（图4-9-6、图4-9-7）

7）后片参照基础型后片的操作方法。

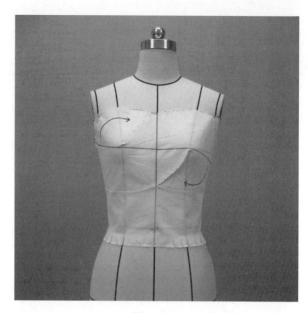

图4-9-4

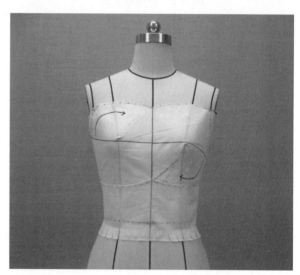

图4-9-5

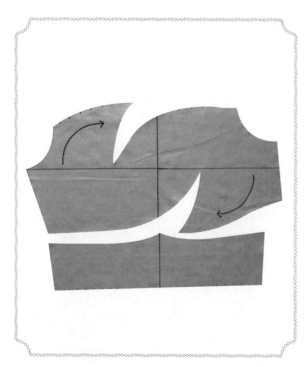

图4-9-7　平面展开图

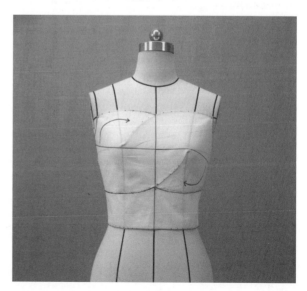

图4-9-6

三、运用拓展与作品赏析

1. 运用拓展（图4-10～图4-14）

图4-10

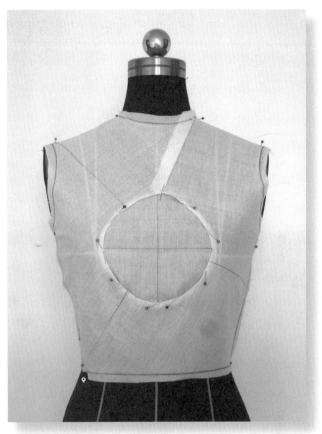

图4-11

图4-12

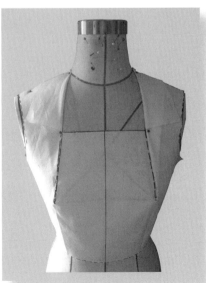

图4-13

图4-14

2. 作品赏析（图4-15 ~ 图4-20）

图4-15   图4-16   图4-17

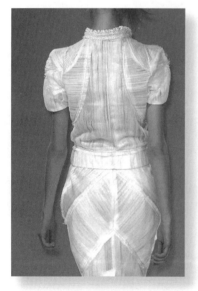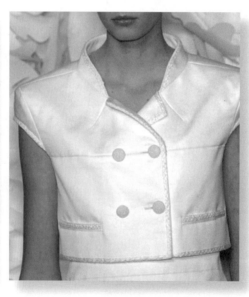

图4-18   图4-19   图4-20

本章重点

介绍衣身分割的方法以及分割线形在立体裁剪设计中的运用。

本章难点

从理论到实践的一个熟练过程，尤其是对所学基础知识的运用与创新能力的培养。

思考与练习

1. 简单分割的运用与练习。
2. 复杂分割的设计与练习。

第五章

分　割

一、分割的理论

1. 分割的概述

分割是服装造型的基本手段之一，不仅改变单一的平面化服装形式为多样化与立体化，同时变服装无"型"为有"型"，增强了服装的塑型能力，进一步提高了服装的适体性。

2. 分割的形式

服装强调以人为本，因而分割也是以人体为主要参考依据。从方向来看分为纵向分割、横向分割、斜向分割；从形态上看分为直线分割、折线分割、曲线分割；从比例来看分为均衡分割、不对称分割。而分割线也因功能的不同分为强调造型的结构线与强调装饰性的装饰线。

图5-1

二、分割的设计及其操作方法

1. 公主线分割

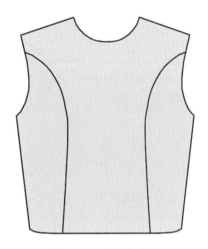

图5-2　平面款式图

款式说明：

　　分割线从袖窿处经胸腰做纵向分割，为适体风格，其中因胸腰差产生的余量被置于分割线中而被消除。

操作步骤：

1）取两块布料，长=前腰节长+8厘米，宽=前中心至肩点的距离+6厘米，侧片宽=胸点至侧缝的距离+8厘米。画出前中心线和胸围线。在人台上用标识带标出公主线的位置。（图5-2-1）

2）把样布与人台同名线复合，松量按箭头沿领口、肩线、腰线及公主线的方向将布料推平顺，参考人台的公主线标识线在坯布上画出标记。（图5-2-2）

3）按标识线将多余的面料粗裁，在适当处打剪口。从胸点向上和向下5厘米分别标出对刀位，用来控制胸部松量的分配。（图5-2-3）

图5-2-1

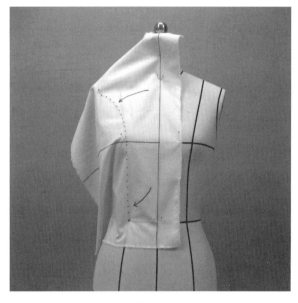

图5-2-2

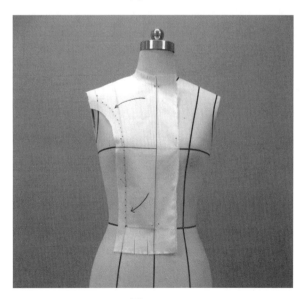

图5-2-3

4）将侧片的布料直纱线与人台侧面中间腰线相垂直，用大头针固定。沿着公主线、肩线和腰线将布料推平顺，打剪口，并标注相应的位置线。同时从胸点向上和向下5厘米分别标出对刀位，用来控制胸部松量的分配。（图5-2-4）

5）整理好后，参考人台标识线在布料上作出点画标记线，如领口线、肩线、袖窿线、侧缝线、腰线，并将分割线作好标记。（图5-2-5）

6）将衣片从人台上取下，平铺于平台上，根据点影线精确画出标记线，并保留1厘米左右的缝份，其余的修剪掉，做平面修正，最终获得所需纸样。（图5-2-6、图5-2-7）

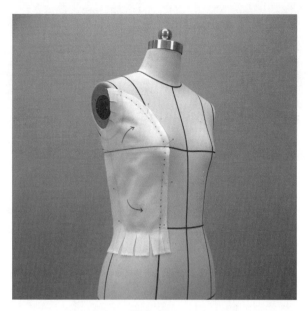

图5-2-4

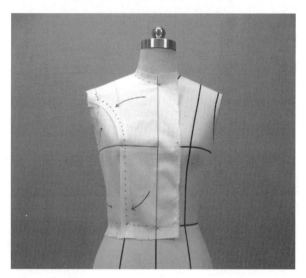

图5-2-5

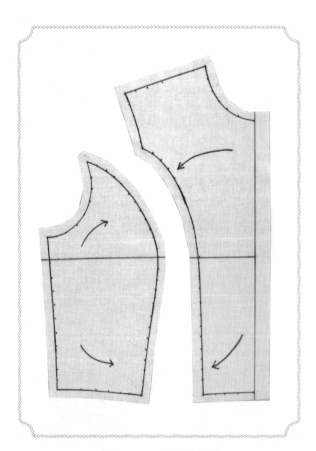

图5-2-7　平面展开图

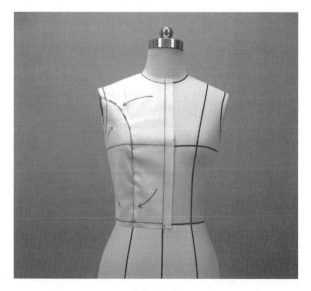

图5-2-6

2. 领口胸腰分割

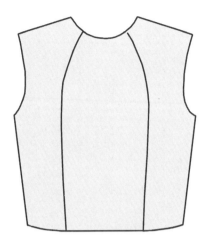

图5-3　平面款式图

款式说明：

　　分割线自领口经过胸腰作衣身的纵向分割，为贴身的合体造型。

操作步骤：

1）取两块布料，长=前腰节长+8厘米，宽=前中心至胸点的距离+8厘米，侧片宽=胸点至侧缝的距离+8厘米。画出前中心线和胸围线。在人台上用标识带标出分割线的位置。（图5-3-1）

2）把样布与人台同名线复合，并将松量按箭头沿领口、肩线、腰线的方向将布料推平顺，参考人台的分割线标识线在坯布上画出标记。（图5-3-2）

3）按标识线将多余的面料粗裁，在适当处打剪口。从胸点向上和向下5厘米分别标出对位点，用来控制胸部松量的分配。（图5-3-3）

图5-3-1

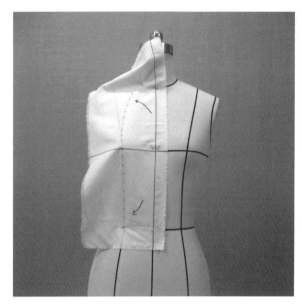

图5-3-2

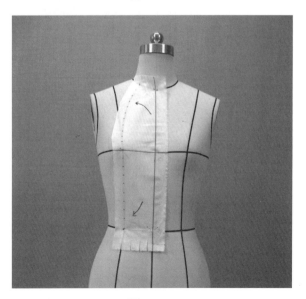

图5-3-3

4）把样布与人台同名线复合，将侧片的布料直纱线与人台侧面腰线相垂直，用大头针固定。沿着分割线、肩线和腰线将布料推平顺，打剪口，并标注相应的位置线。同时从胸点向上和向下5厘米分别标出对位点，用来控制胸部松量的分配。（图5-3-4）

5）整理好后，参考人台标识线在布料上作出点画标记线，如领口线、肩线、袖窿线、侧缝线、腰线，并将分割线作好标记。（图5-3-5）

6）将衣片从人台上取下，平铺于平台上，根据点影线精确画出标记线，并保留1厘米左右的缝份，其余的修剪掉，做平面修正，最终获得所需纸样。（图5-3-6、图5-3-7）

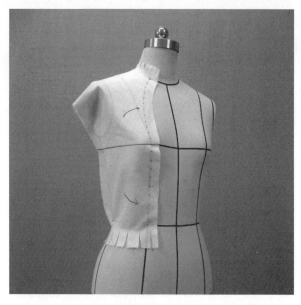

图5-3-4

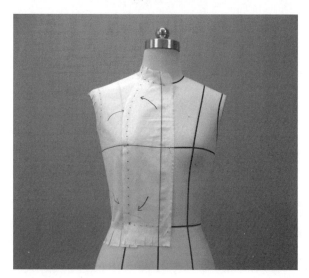

图5-3-5

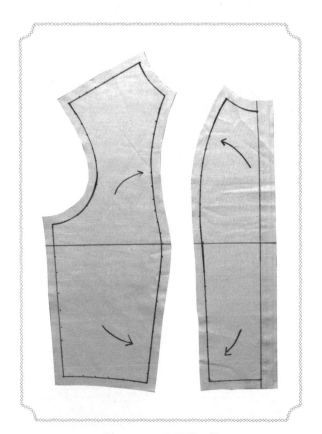

图5-3-7　平面展开图

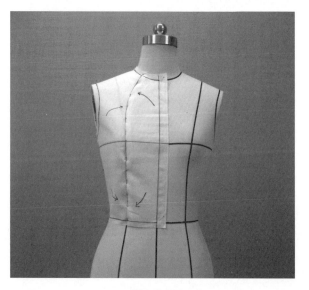

图5-3-6

3. 曲线分割

图5-4 平面款式图

款式说明:

分割线为流畅的S形曲线,从肩头延伸到前中心线靠近腰部的位置,不同于直线的规整特性,分割线更具变化性。

操作步骤:

1) 取两块布料,长=前腰节长+8厘米,宽=前中心线至侧缝的距离+5厘米,侧片宽=胸点至侧缝的距离+8厘米。画出前中心线和胸围线。在人台上用标识带标出曲线分割线的位置。(图5-4-1)

2) 把样布与人台同名线复合,并将松量按箭头沿领口、肩线、腰线的方向将布料推平顺,参考人台的分割线标识线在坯布上画出标记。(图5-4-2)

3) 按标识线将多余的面料粗裁,同时在领口处打适量剪口,以保证衣身的平顺。从胸点向上和向下5厘米分别标出对位点,用来控制胸部松量的分配。(图5-4-3)

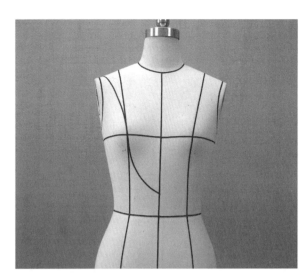

图5-4-1

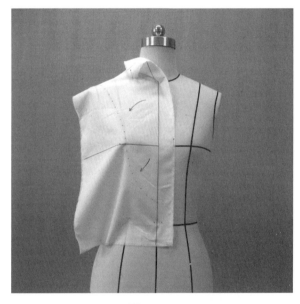

图5-4-2

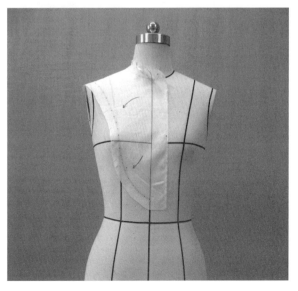

图5-4-3

4）把另一片样布与人台同名线复合，将布料的直纱线与人台侧面腰线相垂直，用大头针固定。沿着分割线、肩线和腰线将布料推平顺，打剪口，并标注相应的位置线。同时从胸点向上和向下5厘米分别标出对位点，用来控制胸部松量的分配。（图5-4-4）

5）整理好后，参考人台标识线在布料上作出点画标记线，如领口线、肩线、袖窿线、侧缝线、腰线，并将分割线作好标记。（图5-4-5）

6）将衣片从人台上取下，平铺于平台上，根据点影线精确画出标记线，并保留1厘米左右的缝份，其余的修剪掉，做平面修正，最终获得所需纸样。（图5-4-6、图5-4-7）

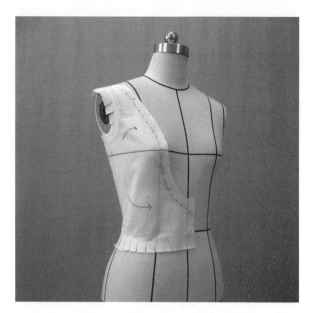

图5-4-4

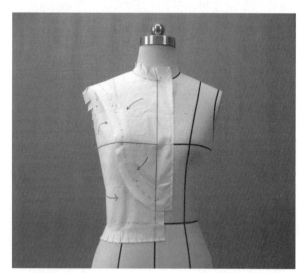

图5-4-5

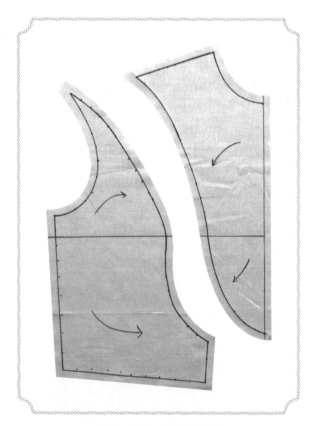

图5-4-7　平面展开图

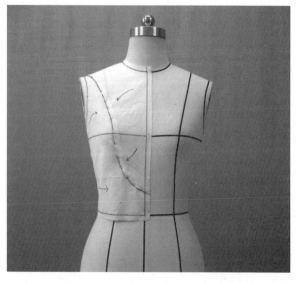

图5-4-6

4. U形分割

图5-5　平面款式图

款式说明：

　　分割线为流畅的U形曲线，从肩部延伸到前胸的位置，使胸腰差的余量在分割线中消除。

操作步骤：

1）取两块布料，长=1/2前腰节长+8厘米，宽=两肩宽的距离+5厘米，另一片长=前腰节长+8~10厘米，宽=1/2胸围+8~10厘米，画出前中心线和胸围线。在人台上用标识带标出U形分割线的位置。（图5-5-1）

2）把样布与人台前中心线复合，同时在领口处打适量剪口，以保证衣身的平顺。把松量沿箭头方向将布料推平顺，参考人台的分割线标识线在坯布上画出标记。（图5-5-2）

3）按标识线将多余的面料粗裁，并在适当部位标出对位点，用来控制胸部松量的分配。（图5-5-3）

图5-5-1

图5-5-2

图5-5-3

4）把另一片样布与人台同名线复合，沿箭头方向将松量至下而上推平顺，参考人台的分割线标识线在坯布上画出标记，并根据标识线将样布进行粗裁，在下摆处打适量剪口。（图5-5-4）

5）将两块样布整理好后，参考人台标识线在布料上作出点画标记线，如领口线、肩线、袖窿线、侧缝线、腰线，并将分割线作好标记。（图5-5-5）

6）将衣片从人台上取下，平铺于平台上，根据点影线精确画出标记线，并保留1厘米左右的缝份，其余的修剪掉，做平面修正，最终获得所需纸样。（图5-5-6、图5-5-7）

图5-5-4

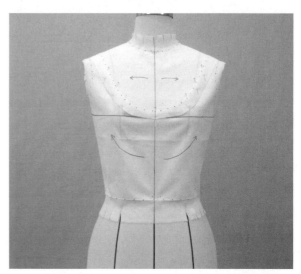

图5-5-5

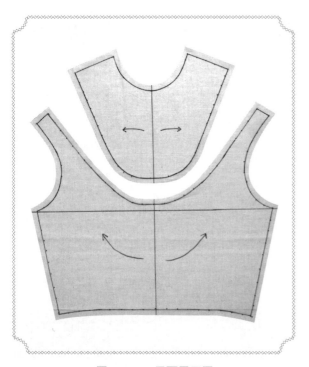

图5-5-7　平面展开图

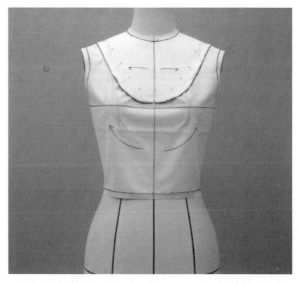

图5-5-6

5. 多次分割

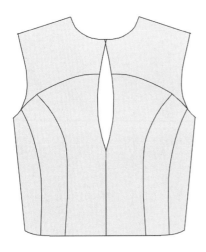

图5-6　平面款式图

款式说明：

不同于上述的公主线分割，多重分割根据造型设计的需要，进行了两次以上的分割，使造型更能满足适体需求，表现一种线条的韵律感。实行多重分割要根据分割线的位置，进行分片操作。

操作步骤：

1）在人台上用标识带标出分割线的位置。先取A片布料，长=1/2前腰节长+8厘米，宽=前中心至侧缝的距离+8厘米，注意裁取直纱面料，画出前中心线。B片长=前腰节长+5厘米，宽=前中心至侧缝的距离+8厘米，画出前中心线。C片长=A片分割线到腰围线的距离+8厘米，宽=胸点到侧面分割线的距离+8厘米。D片长=侧缝长+10厘米，宽=分割线到侧缝的距离+8厘米。B、C、D片分别画出胸围线。（图5-6-1）

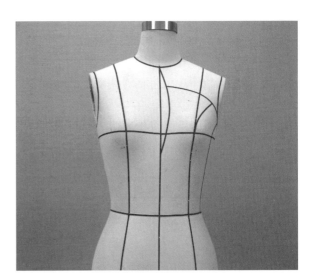

图5-6-1

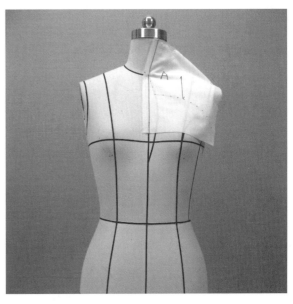

图5-6-2

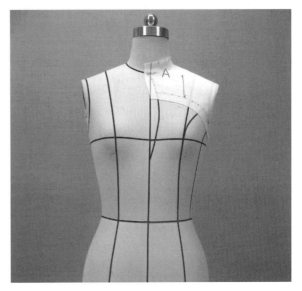

图5-6-3

2）把A片样布与人台前中心线复合，并将松量按箭头沿领口、肩线的方向将布料推平顺，参考人台的分割线标识线在坯布上画出标记。（图5-6-2）

3）按标识线将A片多余的面料进行粗裁，同时在领口、袖窿处打适量剪口，以保证衣身的平顺。（图5-6-3）

4）把B片样布与人台同名线复合，将布料的直纱线与人台前中心线相垂直，用大头针固定。并将松量沿箭头方向将布料推平顺，参考人台的分割线标识线在坯布上画出标记。（图5-6-4）

5）按标识线将B片多余的面料进行粗裁，同时在下摆处打适量剪口，以保证衣身的平顺。从胸点向上和向下5厘米分别标出对位点，用来控制胸部松量的分配。（图5-6-5）

6）参考B片操作步骤，把C片样布与人台胸围线复合，并将松量沿箭头方向将布料推平顺，参考人台的分割线标识线在坯布上画出标记。按标识线将C片多余的面料粗裁，同时在下摆处打适量剪口，以保证衣身的平顺。从胸点向上和向下5厘米分别标出对位点，用来控制胸部松量的分配。（图5-6-6）

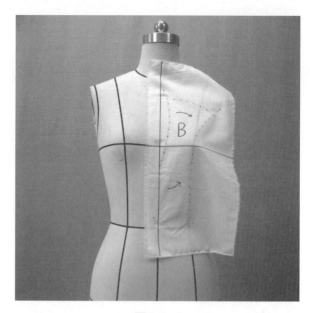

图5-6-4

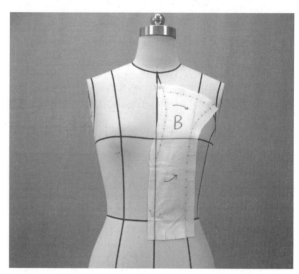

图5-6-5

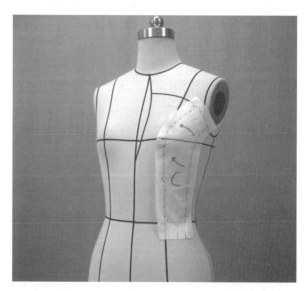

图5-6-6

7）将D片布料直纱线与人台侧面中间腰线相垂直，用大头针固定。沿着箭头方向将布料推平顺，打剪口，并标注相应的位置线。（图5-6-7）

8）所有衣片整理好后，参考人台标识线在布料上作出点画标记线，如领口线、肩线、袖窿线、侧缝线、腰线等作好标记。（图5-6-8）

9）将衣片从人台上取下，平铺于平台上，根据点影线精确画出标记线，并保留1厘米左右的缝份，其余的修剪掉，做平面修正，最终获得所需纸样。（图5-6-9、图5-6-10）

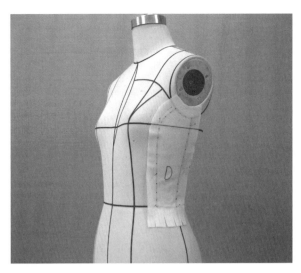

图5-6-7

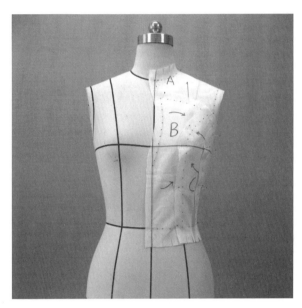

图5-6-8

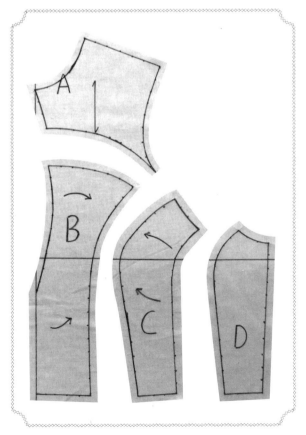

图5-6-10 平面展开图

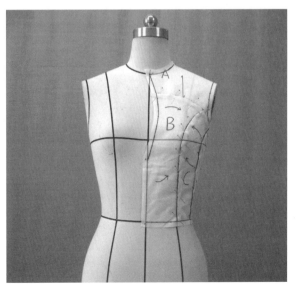

图5-6-9

6. 叠褶与分割

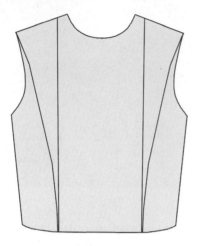

图5-7　平面款式图

款式说明：

　　分割与叠褶两种技法的结合，在前片左右两边胸腰分割线处分别叠进三角形的褶，在平稳中凸显变化。

操作步骤：

1）取两块布料，长＝前腰节长＋8厘米，宽＝前中心至胸点的距离＋5厘米，画出前中心线和胸围线。另一片长＝前腰节长＋10厘米，宽＝1/2胸围＋10厘米。在人台上用标识带标出分割线的位置。（图5-7-1）

2）把A片样布与人台同名线复合，并将布料推平顺，参考人台的分割线标识线在坯布上画出标记，按标识线将多余的面料粗裁，同时在领口处打适量剪口。（图5-7-2）

3）将另一片样布按45度斜纱向与人台复合，注意各部位留出适当余量以便叠褶。（图5-7-3）

图5-7-1

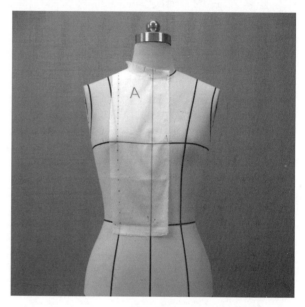

图5-7-2

图5-7-3

4）顺势将衣身侧缝用珠针固定，将余量推
向前中心线。根据设计要求，将布料叠
出三角形褶，操作时注意不要拉扯，应
保持布料的平顺。（图5-7-4）

5）整理好叠褶后，参考人台的分割线标识
线在坯布上画出标记，并根据分割线对
多余面料进行粗裁，在下摆处打适量剪
口。（图5-7-5）

6）将两块样布复合，参考人台标识线在布
料上作出点画标记线，如领口线、肩
线、袖窿线、侧缝线、腰线，并将分割
线作好标记。将衣片从人台上取下，平
铺于平台上，根据点影线精确画出标记
线，并保留1厘米左右的缝份，其余的
修剪掉，做平面修正，最终获得所需纸
样。（图5-7-6、图5-7-7）

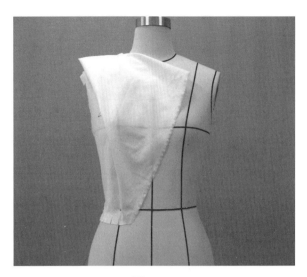

图5-7-4

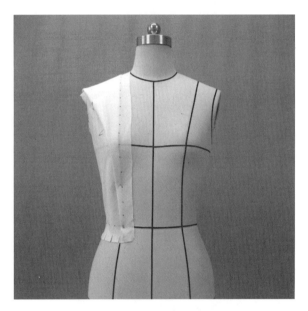

图5-7-5

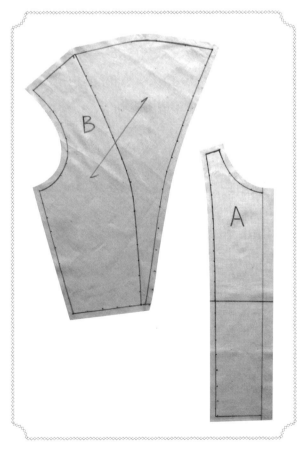

图5-7-7　平面展开图

图5-7-6

三、运用拓展与作品赏析

1. 运用拓展（图5-8~图5-18）

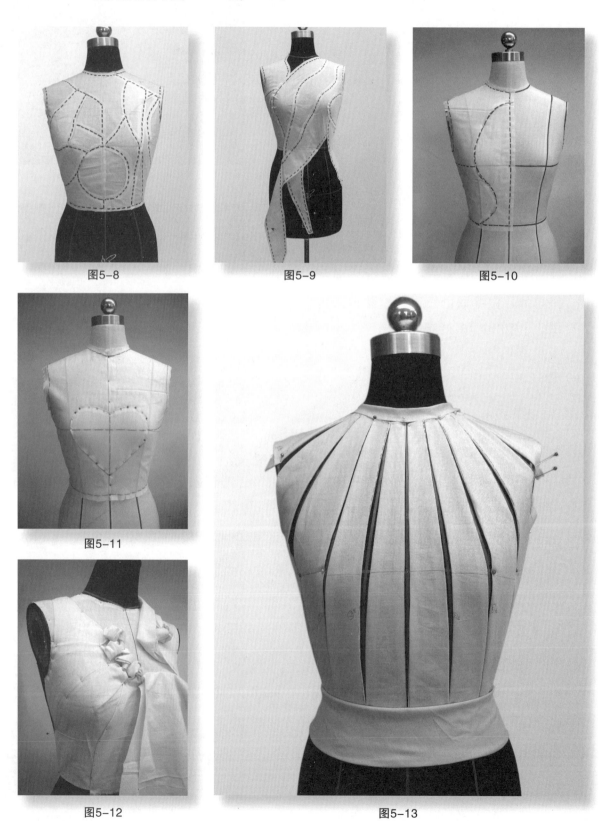

图5-8

图5-9

图5-10

图5-11

图5-12

图5-13

图5-14

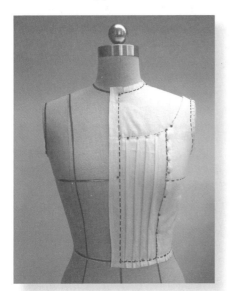

图5-15

图5-16

图5-17

图5-18

2. 作品赏析（图5-19 ~ 图5-24）

图5-19

图5-20

图5-21

图5-22

图5-23

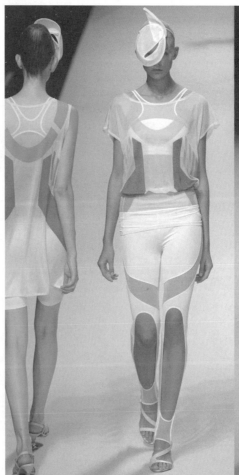

图5-24

本章重点

学习衣身立体裁剪中抽褶的基本操作方法。

本章难点

立体裁剪中褶皱大小以及褶皱成型与面料的关系的
把握。

思考与练习

1. 褶皱的基本操作方法。
2. 褶皱的设计与运用练习。

第六章

褶　皱

一、立体裁剪中褶皱与表现

1. 褶皱的概述

褶皱在现代服装设计中被广泛应用，是常见的服装造型手法之一。通过对面料有规律或无规律的抽缩加工，使服装产生各式褶皱，在光影的变化中，增加服装的层次感和空间感。尤其是在女装的设计中，抽褶是主要运用的一种表现形式。

2. 褶皱的基本形式

褶皱的基本形式有规律褶和自由褶（图6-1）：

1）规律褶——褶与褶之间表现为一种规律性，如褶的大小、间隔、长短是相同或相似的。规律褶表现的是一种成熟与端庄，活泼之中不失稳重的风格。

2）自由褶——与规律褶相反，自由褶表现了一种随意性，在褶的大小、间隔等方面都表现出了一种随意的感觉，体现了活泼大方、怡然自得、无拘无束的服装风格。

图6-1

二、褶皱的设计及其操作方法

1. 领口碎褶

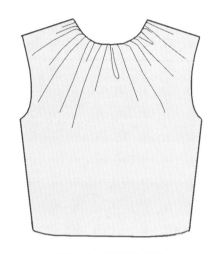

图6-2　平面款式图

图6-2-1

款式说明：

　　领口碎褶的造型根据褶量大小有两种表现形式，一种为变省为褶，通过省道转移将余量集中在领口处，在以碎褶形式将余量整合，其特点为衣身适体褶量较少；另一种是在此基础上实施追加褶量，因而，其松度略大于前者。

图6-2-2

操作步骤：

1）取一块完整的白坯布，宽=1/2胸围+10厘米，长=前腰节+10厘米，确定胸围线和前中心线，与人台同名线条对位复合并在前中心做临时固定。（图6-2-1）

2）依据图示箭头方向分别将左右下方的余量向胸围线上方推移，把余量集中在领部。（图6-2-2）

3）保持胸围线以下的平整，将领口的余量做造型调整，使褶皱分布均匀，并在下摆处打剪口，保持衣身的平顺。（图6-2-3）

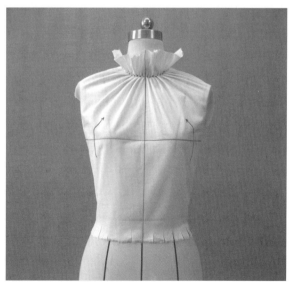

图6-2-3

4）将领口及袖窿处的多余面料进行粗裁，在袖窿处打适量剪口。（图6-2-4）

5）完成初步造型后整体观察，确定领部褶皱对位标记，参考人台标识线在布料上作出点画标记线，如肩线、袖窿线、侧缝线、腰线。（图6-2-5）

6）将衣片从人台上取下，平铺于平台上，根据点影线精确画出标记线，并保留1厘米左右的缝份，其余的修剪掉，做平面修正，最终获得所需纸样。（图6-2-6、图6-2-7）

图6-2-4

图6-2-5

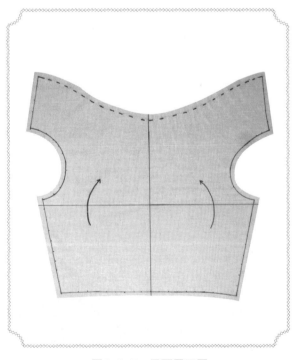

图6-2-7　平面展开图

图6-2-6

2. 单肩抽褶

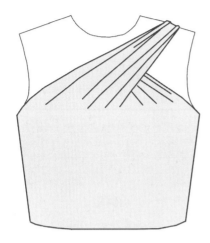

图6-3 平面款式图

图6-3-1

款式说明:

　　这是一种将省道转移与抽褶结合的较为合体的造型,适合用于礼服设计。操作时将余量推向肩部,再分别将余量向设计的位置集中,最终达到所需效果。

操作步骤:

1) 先在人台上确定造型线的位置并用标识线标示,取完整白坯布一块,宽=1/2胸围+10厘米,长=前腰节长+10厘米,画出胸围线和前中心线。(图6-3-1)

2) 将样布与人台同名线条对位复合,并固定前中心在右上方,根据标识线将省位进行剪切,以便于抽褶的操作。(图6-3-2)

3) 按照图示将右下方的余量向右上方推移,在切口处集中,整理好褶量并固定,同时将多余面料粗裁,根据造型线做好标记,并在下摆处打剪口。(图6-3-3)

图6-3-2

图6-3-3

4）按照图示将左下方余量向左上方推移至右肩部，根据造型线画出标记，并在下摆处打适量剪口，保证衣身的平顺。（图6-3-4）

5）调整肩部造型，整理好褶量并固定，同时将多余面料进行粗裁，根据造型线做好标记。参考人台标识线在样布上作出点画标记线，如侧缝线、腰线，并确定褶皱对位标记。（图6-3-5）

6）将衣片从人台上取下，平铺于平台上，根据点影线精确画出标记线，并保留1厘米左右的缝份，其余的修剪掉，做平面修正，最终获得所需纸样。（图6-3-6、图6-3-7）

图6-3-4

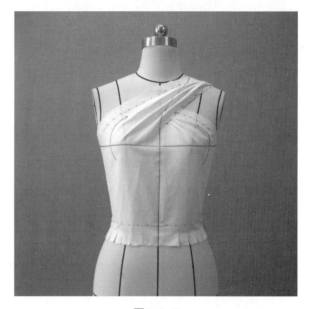

图6-3-5

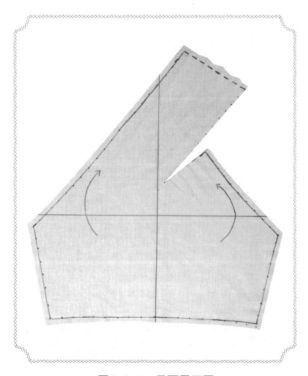

图6-3-7　平面展开图

图6-3-6

3. 分割与抽褶

图6-4　平面款式图

款式说明：

　　是一种将分割与抽褶结合的合体服装造型，根据预先设计好的分割线将衣身分割，并以袖窿为转移点，将余量转向分割线处，从而达到造型效果。

操作步骤：

1）先在人台上确定分割线的位置并用标识线标示，取白坯布两块，A片长=前腰节长+10厘米，宽=前中心线至侧缝的距离+5厘米，B片长=前腰节长+10厘米，宽=前中心线至侧缝的距离+10厘米。分别画出胸围线和前中心线。（图6-4-1）

2）将A片坯布与人台同名线条对位复合，并用珠针固定。（图6-4-2）

3）将松量按箭头向侧缝线方向把布料推平顺，参考人台的分割线在坯布上画出标记，并将多余的面料粗裁，在适当处打剪口。（图6-4-3）

图6-4-1

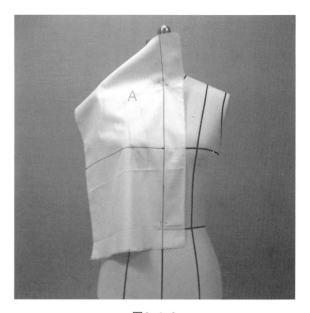

图6-4-2

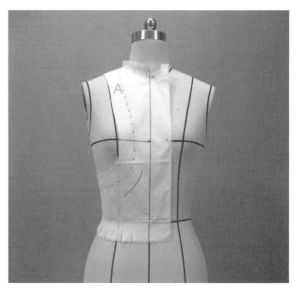

图6-4-3

4）将B片坯布与人台胸围线对位复合，并用珠针固定。（图6-4-4）

5）如图所示将袖窿处横向剪开，将左边的预留布料逐步均匀地转向分割线处，并进行褶量的分配。剪开时注意留有一定量的缝份，将余量进行初步整理。（图6-4-5）

6）将初步整理好的褶量按设计要求调整，操作时注意褶量的均匀分布，确定最终效果后用珠针固定，同时将袖窿及侧缝多余面料进行粗裁。（图6-4-6）

图6-4-4

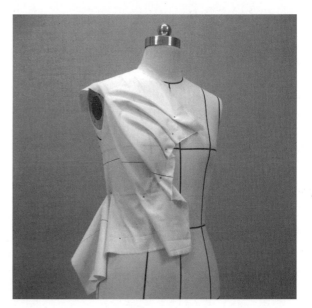

图6-4-5

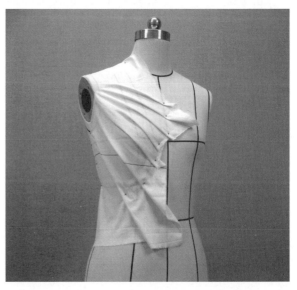

图6-4-6

7）根据分割线做好标记，同时将多余面料粗裁，注意留有一定量的缝份。（图6-4-7）

8）将A片与B片样布按标识线在人台上复合，参考人台标识线在样布上做出点画标记线，如领围线、肩线、侧缝线、腰围线等，并确定褶皱的对位标记。（图6-4-8）

9）将衣片从人台上取下，平铺于平台上，根据点影线精确画出标记线，并保留1厘米左右的缝份，其余的修剪掉，做平面修正，最终获得所需纸样。（图6-4-9、图6-4-10）

图6-4-7

图6-4-8

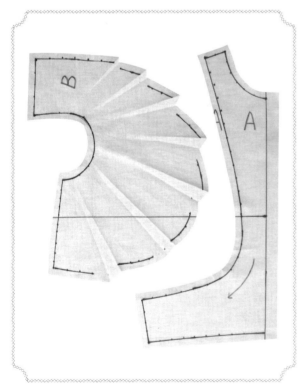

图6-4-10　平面展开图

图6-4-9

4. 公主线分割与胸部抽褶

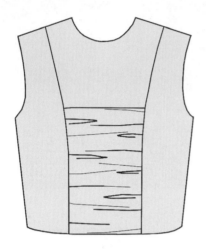

图6-5 平面款式图

款式说明:

　　将严谨端庄的公主线分割与胸部抽褶造型相结合,形成横向的自由褶,具有浪漫风格。

操作步骤:

1) 先在人台上确定造型线的位置并用标识线标示,取白坯布三块,左、右侧片长=前腰节长+10厘米,宽=胸点至侧缝的距离+5厘米;用于缩褶的坯布,取斜纱坯布,长=造型线至腰围线的距离×2,宽=胸点间的距离+8厘米,分别画出用于对位的胸围线。(图6-5-1)

2) 将左侧片样布与人台胸围线对位复合,并用珠针固定。(图6-5-2)

3) 将松量按箭头方向将布料推平顺,参考人台的分割标识线在坯布上画出标记,并按标识线将多余的面料粗裁,在下摆处打适量剪口,以保证衣身的平顺。(图6-5-3)

图6-5-1

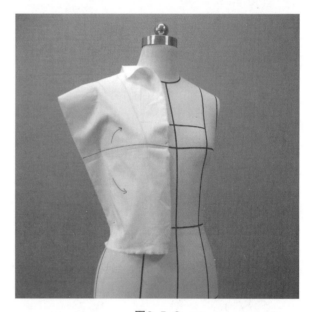

图6-5-2

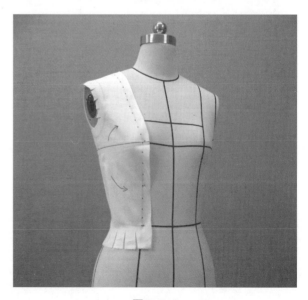

图6-5-3

4）参考左侧片操作步骤完成右侧片，操作时注意两片应保持对称，同时对多余面料进行粗裁。（图6-5-4）

5）将裁好的用于缩褶的样布复合于人台需要造型的部位上，进行缩褶处理，操作时注意将样布毛边内折，以保持外观造型的平整，同时按设计要求调整褶量，注意褶量的均匀分布，确定最终效果后用珠针固定。（图6-5-5）

6）将衣片复合于人台，参考人台标识线在样布上做出点画标记线，如肩线、侧缝线、腰围线等，并确定褶皱的对位标记。最后将衣片从人台上取下，平铺于平台上，根据点影线精确画出标记线，并保留1厘米左右的缝份，其余的修剪掉，做平面修正，获得所需纸样。（图6-5-6、图6-5-7）

图6-5-4

图6-5-5

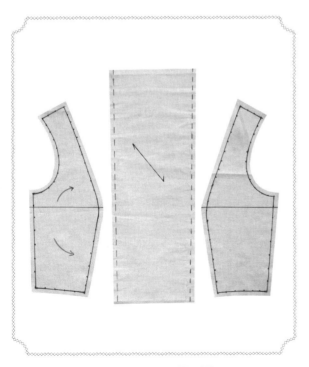

图6-5-7　平面展开图

图6-5-6

5. 前中心省与抽褶

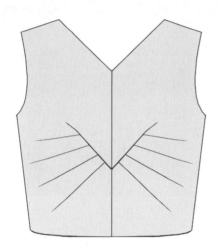

图6-6　平面款式图

款式说明：

　　在前中心线处做V字形省，保持胸部平顺的前提下将省下剪口处的余量叠褶，是一种造型元素丰富的合体样式。

操作步骤：

1）先在人台上确定造型线的位置并用标识线标示，取一块白坯布，长＝前腰节长＋20厘米，宽＝前中心线至侧缝的距离＋10厘米，画出前中心线和胸围线。（图6-6-1）

2）将样布与人台同名线对位复合，并用珠针固定。（图6-6-2）

3）在保持布料平顺的基础上，参考人台造型线在坯布上画出标记。根据领部造型线将样布进行粗裁，同时将前中心省线剪开，操作时注意留有适量的缝份。（图6-6-3）

图6-6-1

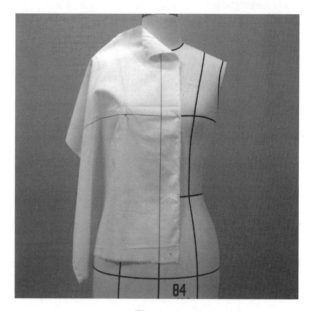

图6-6-2

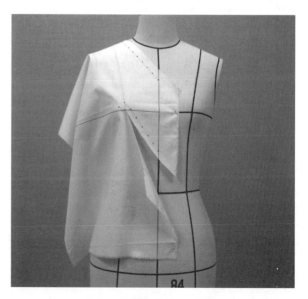

图6-6-3

4) 将余量集中到前中心省处，把受拉扯的
　侧缝处剪开，以保证衣身不受牵扯。按
　设计要求对褶量进行调整，操作时注意
　褶量的均匀分布，确定最终效果后用珠
　针固定，并确定褶皱的对位标记。（图
　6-6-4）

5) 整理完成后将袖窿、侧缝和下摆处的多
　余面料进行粗裁，并在适当处打剪口。
　参考人台标识线在样布上做出点画标记
　线，如肩线、侧缝线、腰围线等。（图
　6-6-5）

6) 将衣片从人台上取下，平铺于平台上，
　根据点影线精确画出标记线，并保留1
　厘米左右的缝份，其余的修剪掉，做
　平面修正，最终获得所需纸样。（图
　6-6-6、图6-6-7）

图6-6-4

图6-6-5

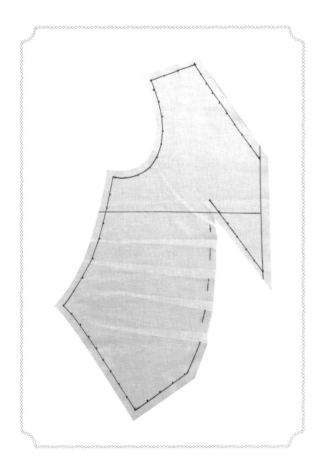

图6-6-7　平面展开图

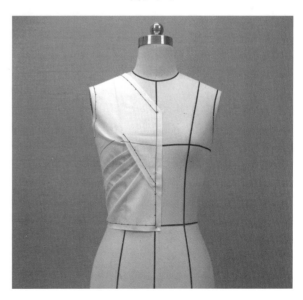

图6-6-6

三、运用拓展与作品赏析

1. 运用拓展（图6-7～图6-19）

图6-7

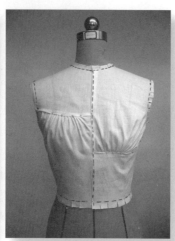

图6-8

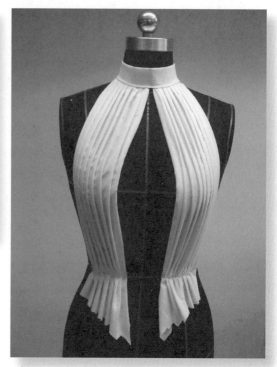

图6-9

图6-10

图6-11

图6-12

图6-13

图6-14

图6-15

图6-17

图6-18

图6-19

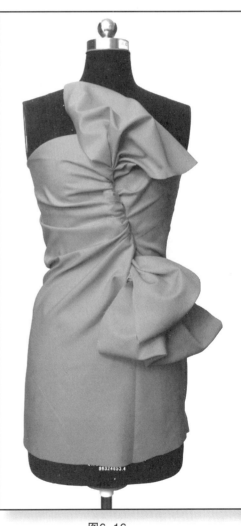

图6-16

2. 作品赏析（图6-20～图6-30）

图6-20

图6-21

图6-22

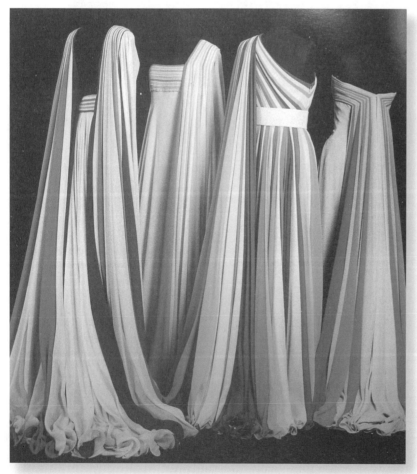

图6-23

图6-24

图6-25

图6-26

图6-27

图6-28

图6-29

图6-30

本章重点

了解服装的立体构成表现手段、材料的基本性能
与立体裁剪的关系。

本章难点

如何将材料再造同服装设计结合起来。

思考与练习

掌握立体裁剪构成艺术的基本种类的操作与设计
运用。

第七章

服装立体构成艺术

立体构成艺术是材料再造的艺术表现形式，就是在原有的材料的基础上，运用各种手段进行改造，使现有的材料在肌理、形式或质感上与原有材料相比都发生了较大的甚至是质的变化，从而，拓宽了服装材料的使用范围与表现空间。材料再造的方法多种多样，他体现了设计师的创造能力，在实际运用中，我们可以将材料再造的方法归纳为两种最基本的设计原则：加法原则与减法原则。（图7-1）

图7-1

一、立体裁剪中的构成艺术

1. 面料再造的概述

随着人们对服装要求的提升，纯粹的款式变化已不能满足人们的需求，材料的革新为服装的发展带来了新生命力。对设计师而言，款式变化受到服装功能性的控制，而材料上的再创造则是丰富与拓展服装设计的新思路。掌握材料的再造，既可以加强对材料的认识，又有利于我们思维空间的拓展。（图7-2）

2. 基本形式

1）加法原则——主要表现为添加的手法，或通过改造后表现出一种很强的体积感和量感，极大地加强和渲染了服装造型的表现力，使服装的语言变得更加丰富，更具感染力。

2）减法原则——与加法原则表现出的雍容华贵和妙趣横生的风格相反，体现的是一种简洁朴素、雅致大方、欲说还休的含蓄美，是现代服装设计中不可缺少的必要手段之一。

3）加减法的综合运用——立体裁剪非常注重款式的造型以及表现力，因此，掌握上述造型原则有利于发展与完善立体裁剪中款式造型的表现力，上述技巧既可独立使用也可综合运用互为补充。

图7-2　2011中韩国际服装学术研讨会作品展

二、构成艺术及其操作方法

1. 加法原则

加法原则的表现形式：折叠法、填充法、堆积法、绣缀法、编织法、抽褶法、镶嵌法、面料重置法等等。

技法分析：

1）折叠法

折叠是把平面的材质通过正反方向反复折边，使之成为窄长条形来塑造立体形态的方法。

操作时，将折叠好的面料利用平铺、扭转、重叠等方法在人台上做出设计的款式，通过这样的技法将平面的面料转换成立体的造型。另外折的宽窄、长短，使用面料的厚薄都可以增加服装造型的丰富性和变化性。（图7-3-1）

图7-3-1

2）堆积法

堆积法是将服装面料或其他材料按照设计需要一层层堆放叠合，使服装造型产生丰富的变化感。

操作时可将面料裁剪成方形、漩涡形及其他不规则的形状在人台上利用珠针进行造型固定，除横向平面的堆积外也可纵向立体堆积，但要注意整体的疏密和流动感，不可一味堆放。（图7-3-2）

图7-3-2

3）填充法

在服装不同部位进行（如肩部、胯部等）填充，使身体形状发生改变，可使设计师对人体形状的表现潜力有新的构想。或在多层面料之间填进各种材质的填充物，增加材质的厚度或蓬松感。（图7-3-3）

图7-3-3

4）编织法

编织是将原始材料根据设计要求裁剪成各种规则或不规则的条状或带状物，通过编织或编结的手法来重新组合，形成宽窄、疏密、凹凸等独特的造型，带来新的视觉效果变化。

在编织时，布条的两边需折光，长度可视造型的需要，稍微熨烫平整后备用。要在胸部隆起和收腰部位将省道的量分布于条状的编织之中。另外，编织形式多样，主要有十字编织、人字编织、菱形编织、套结编织和自由编织等。（图7-3-4）

5）抽褶法

抽褶是通过面料缩褶变化而带来微妙的动感和立体量感的装饰效果。

操作时先在布料上画出要抽褶的轨迹，然后按照抽褶的长度的2～3倍来计算需抽褶布料。缝线时注意将线头放在布料的反面，线迹长度应长短一致，要边缝合边抽褶布料以观察褶皱的造型效果，注意调整布料的抽褶长度或缝线的轨迹。抽褶后的布料覆于人体模型上时要注意理顺布痕。（图7-3-5）

6）面料重置法

在原有面料的基础上，运用各种手段对平面的材质进行立体的重塑改造，使其在肌理、形式和质感上发生改变。打破材料原有固定形态，可利用编织、盘条、堆积打褶或捏褶等多种手法重新组合，形成新的形态。图7-3-6即是将纸质材料搓绳在人台上盘出立体的锥形，突破了原有材质的限制，造型大胆，可用于舞台装的设计。

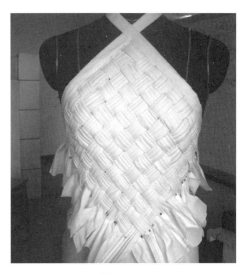

图7-3-4

图7-3-5

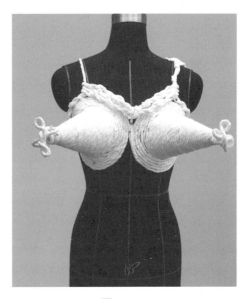

图7-3-6

2. 减法原则

减法原则的表现形式：省道合并法、抽纱法、面料剪切法、缺损法、镂空法等。

技法分析：

1）省道合并法

将省道与分割线或造型线合并为一体，减少服装上不必要的线条，体现服装的简洁之风是使用省道合并法的根本出发点。

操作时只要遵循一个突点射线原理，即以胸高点、肩胛突点、臀突点、腹突点为中心进行造型设计。(图7-4-1）

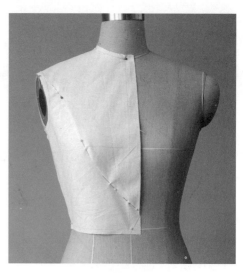

图7-4-1

2）抽纱法

抽纱是指抽去面料中的经纱或纬纱，使面料产生稀松的质感。抽纱后的面料会具有虚实相间或色彩相间的感觉，有时还会露出里面的肤色或服装色，能加强服装的层次感。

操作时根据设计需要选择抽纱部位、量的多少以及具体的抽纱形式，抽纱部位不同所表现的情感气质也不同。(图7-4-2）

图7-4-2

3）面料剪切法

该技法利用面料本身所具有的特性，如弹性、悬垂性、韧性等直接剪切，从而形成简洁大方、别具一格的款式造型。

剪切位置的高低、剪切量的大小、剪切线条的曲直完全依据设计自由选定，没有任何限定。但要符合人体穿着的功能性和视觉的美感。(图7-4-3）

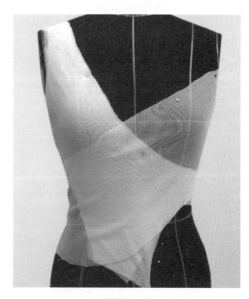

图7-4-3

4）缺损法

此技法是利用烧、撕、剪等方法对材质进行处理，使其产生一种残缺的美。相对于常规的面料，纸、塑料、皮革等都可以运用此技法，可使立体裁剪的运用材质更加多样化。

图例中的服装虽然是用纸片组成上下装的样式，但每片纸都利用火烧使边缘呈现焦糊的缺损状，独特的韵味由此突显出来。（图7-4-4）

5）镂空法

镂空法是减法原则中最具有代表性的表现手法之一，是典型的以少胜多的表现技法，分为直接镂空法和间接镂空法。操作时应注重设计的疏密感，使镂空的通透与交错的密集产生视觉上的对比，以形成丰富的服装造型。

① 直接镂空法

直接镂空法是根据造型设计的需要，直接在所设计的部位进行镂空处理，这种镂空处理既可以是规律的也可以是任意的，在高级礼服中表现得较多，在较为时尚的街头时装中也有不凡的表现。

图7-4-5中造型是将粗细不同的绳子进行打结，并且根据设计进行穿插和缠绕，创造出新的面料，同时出现不规则的空隙，展现出粗与细、疏与密的强烈视觉效果的对比。

② 间接镂空法

间接镂空法是在整体造型中有意识的在上下装之间或是在连接部位之间进行的余缺处理形式，有如国画中的留白。（图7-4-6）

图7-4-4

图7-4-5

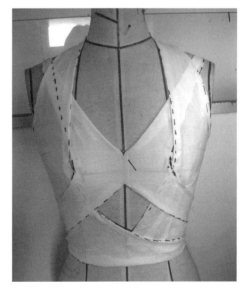

图7-4-6

3. 加减法的综合运用

加减法综合运用是根据设计需求将各种技法按形式美法则重新组合，形成新的服装造型，从而丰富服装的视觉感受。以下图例是将加、减法原则中不同技法进行组合的综合运用。

技法分析：

图例一：图中的服装运用了多种造型手法，操作时，将牛仔布裁剪成布条，宽度可以根据设计需要裁剪，并用减法原则中的抽纱手法处理牛仔布边，再将牛仔布条用加法原则中的编织手法相互叠加，并留出一定的空隙，形成减法原则中镂空的视觉效果。(图7-5-1)

图例二：例子中服装造型是将细绳用加法原则中的编织手法编成辫状，再按照设计需求进行疏密及不同方向的排列，从而形成堆积和镂空的效果。绳子编织的粗细和排列方向的不同直接影响服装造型的效果。(图7-5-2)

图例三：图例中的服装是将衣身分割为多片，并在不同的位置将面料挖空处理，形成减法原则中的间接镂空效果，再按设计进行加法原则中的填充处理，形成凹凸的对比。(图7-5-3)

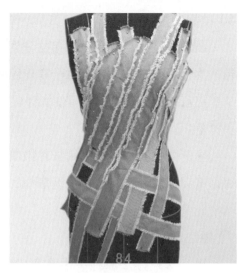

图7-5-1

图7-5-2

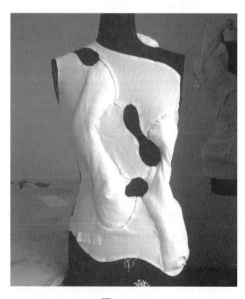

图7-5-3

图例四：图中服装造型是将面料根据设计要求裁剪成规律的条状，通过编织重新组合，使衣身造型具有"人"字形纹样，而"人"字形重叠的部分就是运用了加法原则，同时在编织时留有规律的空隙，形成镂空，并将多余的条带有规律地排列在衣摆两侧，隐约露出皮肤，形成半立体状造型。（图7-5-4）

图例五：图例中的服装是先在肩部进行加法原则中的叠褶处理，在另外一肩部用减法原则中的直接镂空手法，并且根据设计需求对其他部位进行镂空处理，形成特殊的图案，在进行直接镂空处理的同时，要注意镂空后布料所呈现的形状和大小。（图7-5-5）

图例六：图中的服装是在胸前进行加法原则中的折叠处理，形成褶皱，再在腰部运用加法原则中的堆积法进行造型。在整体的造型设计中有意识地在胸前进行余缺的处理，形成减法原则中的间接镂空。（图7-5-6）

图7-5-4

图7-5-5

图7-5-6

三、运用拓展与作品赏析

1. 运用拓展（图7-6～图7-15）

图7-6

图7-7

图7-8

图7-9

图7-10

图7-11

图7-12

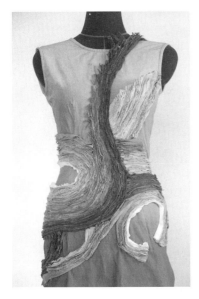

图7-13

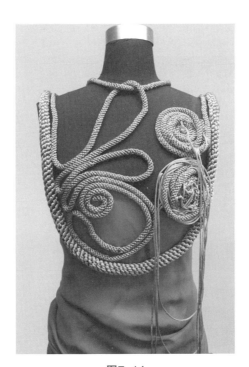

图7-14

图7-15

2. 作品赏析（图7-16～图7-24）

图7-16

图7-17

图7-18

图7-19

图7-20

图7-21

图7-22

图7-23

图7-24

本章重点

学习领的立体裁剪方法。

本章难点

翻驳领的立体裁剪方法。

思考与练习

1. 掌握领子的立体裁剪技法。
2. 翻驳领、波浪领的立体裁剪练习。

第八章

衣领

一、衣领的理论

1. 衣领的概述

由于人体颈部构造与胸腔呈一个较大的角度，从功能性角度出发，决定了领在造型原则上应与衣身分开。仔细观察颈部的形状近似圆柱形，略向前倾斜，有自上而下渐粗的特征。进一步观察会发现后颈根中心点比前颈根中心点高，将两点连接起来便形成后高前低的斜线，这就不难理解为何前开领要大于后开领了。

2. 衣领的分类

衣领按照结构的种类主要分为三类：无领、立领和翻折领。无领是以领窝的形状作为造型线，在领窝上没有衣领，它包括圆领、V字领、方领，一字领等。立领是指领子向上竖起紧贴颈部的造型，有绕颈立领，中华立领等，可根据设计进行多变造型。翻折领包含了底领和领面两部分，其重要特征就是有翻折线。衣领造型具有复杂性，可以将基本领型与多种造型手法相结合，产生多变的款式。（图8-1）

图8-1

二、领型的设计与操作方法

1. 立领

图8-2 平面款式图

款式说明：

  立领是立体裁剪中最基本的一种领型，实际上是颈部结构的平面展开形式。

操作步骤：

1）取长=1/2颈围+5厘米、宽=设计宽度+6厘米的经向布料，使用前将布料用熨斗熨烫拉伸成稍弯曲形，再在布上标注后中心线及领底线。将准备好的布料对齐后中心线，使布料的中心线与衣身后领窝的中心线复合一致。（图8-2-1）

2）将领部面料沿领窝底线顺势平铺，领下端不平处打剪口使其平顺，沿领窝线，将大头针平直的别在领上。（图8-2-2）

3）以基础领窝为底线，用笔标出其形状。（图8-2-3）

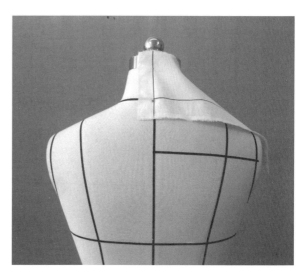

图8-2-1

图8-2-2

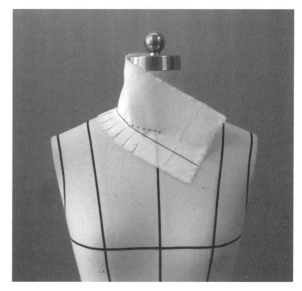

图8-2-3

4）将其余面料顺着领围线继续安装，边安
　装边观察造型边调整，再根据自己的喜
　好或设计要求，用标志线在做好的领型
　上标出领型造型线。（图8-2-4）

5）根据领部造型，对多余面料进行粗裁。
　（图8-2-5）

6）将领型布样取下，置于平台上修顺衣
　领各结构线，然后再装于颈部，观察
　其效果，完成立领。（图8-2-6、图
　8-2-7）

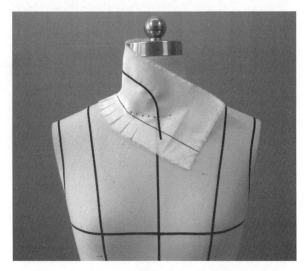

图8-2-4

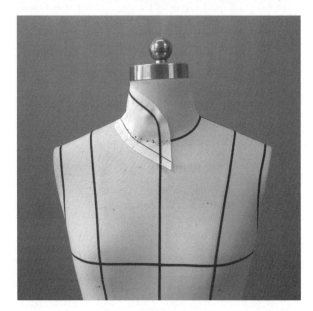

图8-2-5

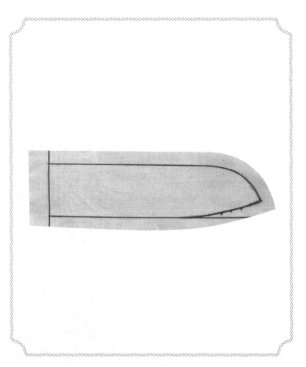

图8-2-7　平面展开图

图8-2-6

2. 翻领

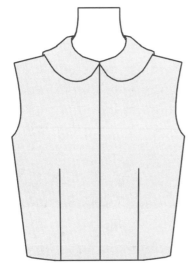

图8-3　平面款式图

款式说明：

　　翻领不同于立领，立领只局限于颈部，与肩胸部分不发生联系，而翻领不仅有立领部分同时还有翻领部分，即还需考虑领与肩的关系，因此，领子的开度大小以及领围线的位置也是需认真考虑的。

操作步骤：

1）取长=1/2颈围+10厘米、宽=设计量+5~8厘米的斜纱面料一块，画出后中心线，并在人台上重新标出新的领窝线。（图8-3-1）

2）将布样上的后中心线与后领窝的中心线复合，因颈部弧度较大，可先剪去后领部分的下口余量，保持平顺。（图8-3-2）

3）将领部面料沿领窝底线顺势平铺，领下端不平处打剪口使其平顺，在领窝处做上记号。（图8-3-3）

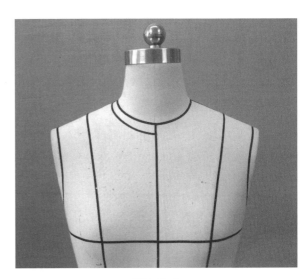

图8-3-1

图8-3-2

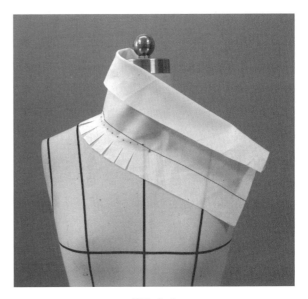

图8-3-3

4）将后领口上方的面料向外翻折，边翻折
边调整，使翻折线顺畅,代领型调整好
后，再用表示带做出翻领的造型。（图
8-3-4）

5）调整翻领的整体造型，将多余面料进行
粗裁。（图8-3-5）

6）从人台上取下之后置于平面上进行修
正，圆顺衣领各结构线，然后再装于
颈部，观察其效果，完成翻领。（图
8-3-6、图8-3-7）

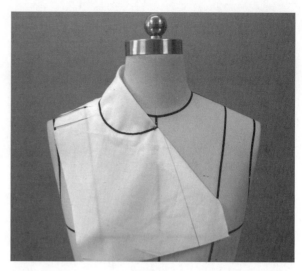

图8-3-4

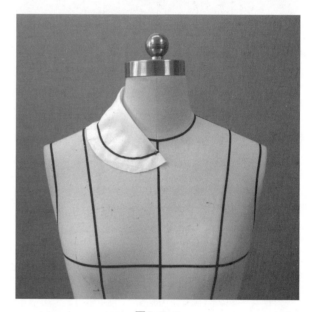

图8-3-5

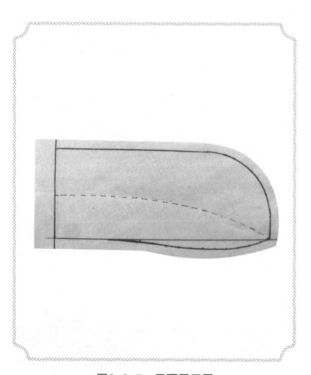

图8-3-7　平面展开图

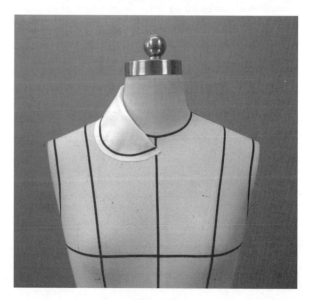

图8-3-6

3. 水手领

图8-4　平面款式图

款式说明：

　　水手领也称为海军领，前领口为V字型，领片搭于肩部自然垂下。操作时，为使领子更稳定，可做稍许领座，以达到美观的效果。

操作步骤：

1）根据设计造型取斜纱面料一块，长=后领造型线到前胸造型线的距离+8~10厘米、宽=1/2背宽+8~10厘米，画出后中心线。

2）在人台上用标识带标出水手领的造型线，后领围线比人台领围线略低，以保证颈部的活动松量。（图8-4-1、图8-4-2）

3）将后中心线与后领窝的中心线复合，因颈部弧度较大，可先剪开后领，保持平顺，剪开时应保留一定量的缝份。（图8-4-3）

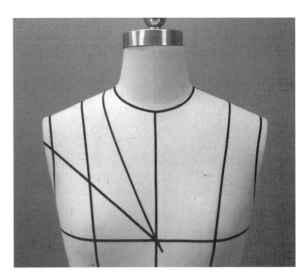

图8-4-1

图8-4-2

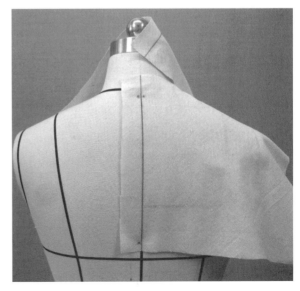

图8-4-3

4）将剪开部分的缝份翻进领窝处，用珠针固定，将领部面料沿领窝底线顺势平铺，领下端不平处打剪口使其平顺。（图8-4-4）

5）将布从后方披挂到肩上，保持样布平顺的同时调整领座的形状，使领围线呈现圆顺的状态。（图8-4-5）

6）继续调整前片领型，沿造型线将面料边固定 边调整领面造型，因颈部弧度较大，领面与领底会产生牵扯，使领面不够服贴，所以操作时，应细心的调整，注意手法不要强行拉扯。（图8-4-6）

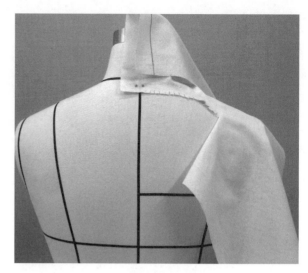

图8-4-4

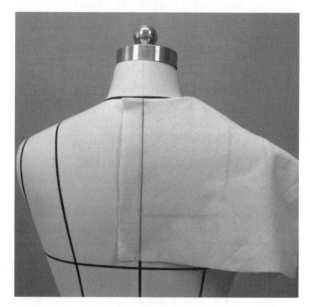

图8-4-5

图8-4-6

7）根据领部造型，对多余面料进行粗裁，注意留有一定的缝份，再根据设计要求，用记号笔在做好的领型上标出领型造型线。（图8-4-7）

8）从人台上取下样布置于平面上进行修正，圆顺衣领各结构线，然后再装于颈部，观察其效果，完成水手领。（图8-4-8～图8-4-10）

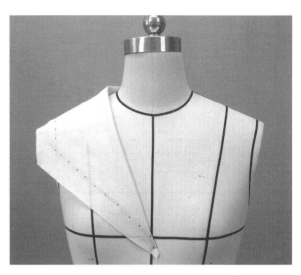

图8-4-7

图8-4-8

图8-4-10　平面展开图

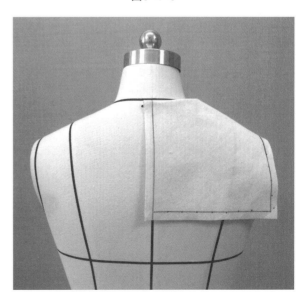

图8-4-9

4. 波浪领

图8-5　平面款式图

款式说明：

　　制作方法：一种是量取法，即衣身完成后量出领窝长，再在平面上剪出领窝大小的圆弧形样片，将领面内弧线的两端拉开，与衣身领窝复合；另一种为直裁法，是典型的立体裁剪方法。

操作步骤：

1）取出长=宽=（N/2+5）×2的正方形45度正斜布料，在布上标注后中心线及领底线，同时在人台上标出领窝线。（图8-5-1）

2）将布料的后中心线与人台后领窝的中心线复合。将布料沿着领围线剪开，剪切长度为后领宽。做出基础领样，将基础领样的后领部位固定于后领窝处。（图8-5-2）

3）从衣领的侧颈点处开始做波浪，操作时，一手按住领样的装领处，另一只手捏住布料做波浪，边做边在领窝处开剪口以消除牵扯力。（图8-5-3）

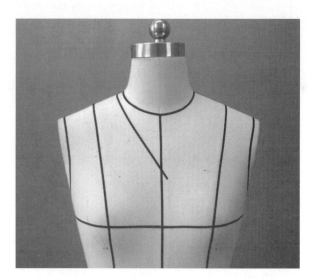

图8-5-1

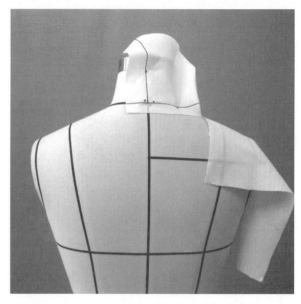

图8-5-2

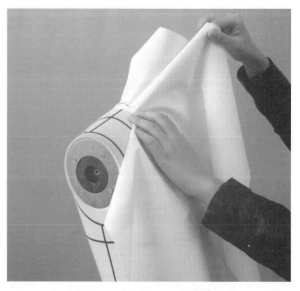

图8-5-3

3）做到一半时将波浪翻到正面，观察波浪
量是否合理，以进一步修改。将捏出的
第一个波浪进行调整后，在接近领窝处
用珠针固定。（图8-5-4）

4）继续波浪领其他波浪的制作，操作时注
意各部位的协调，应保持波浪的均匀，
并用同样的方法进行观察、调整。

5）当所有波浪完成后用标识带定出波浪领
的外形。（图8-5-5）

6）从人台上取下之后置于平面上进行修
正。圆顺衣领各结构线，然后再装于颈
部，观察其效果，完成波浪领。（图
8-5-6、图8-5-7）

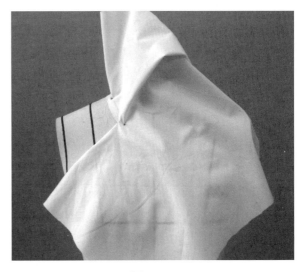

图8-5-4

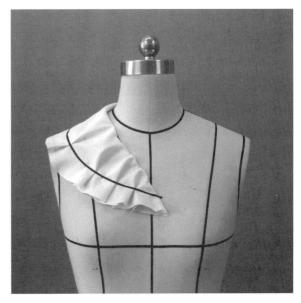

图8-5-5

图8-5-7　平面展开图

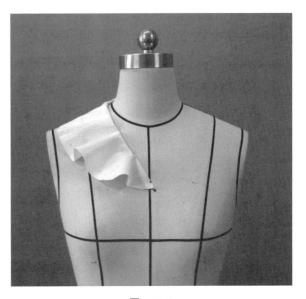

图8-5-6

5. 驳领

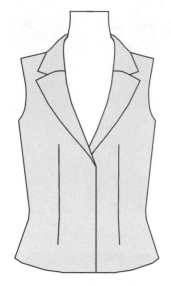

图8-6　平面款式图

款式说明：

　　与翻领的不同在于肩领与驳领连接在一起，形成独特的翻驳领结构，其横开领与直开领都应做相应的调整。

操作步骤：

1）为了保持衣身与衣领的完整性，可取衣身的整片布料进行操作。先取长=侧颈点到衣身下摆的长度+8厘米，宽=前中心线到侧缝的距离+20厘米的布料，并画出前中心线和胸围线。再取一块长=30厘米、宽=18厘米的斜纱面料做基础领样，标出后中心线。在人台上贴出衣身的驳头造型标识线。（图8-6-1）

2）将衣身布料与人台同名线复合，按照前面章节所讲述的立体裁剪操作方法完成衣身的基本操作并整理衣身。（图8-6-2）

3）根据驳领标识线在领口处进行粗裁。（图8-6-3）

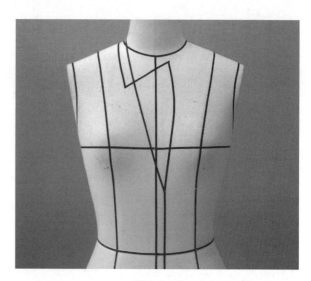

图8-6-1

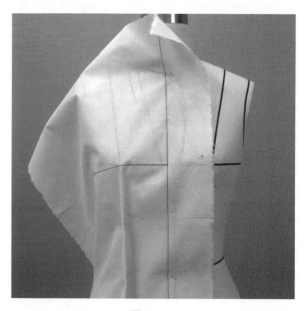

图8-6-2

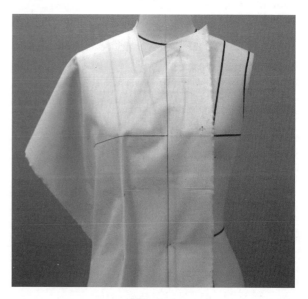

图8-6-3

4）根据人台上驳领造型的标识线，将粗裁好的布料用标识线做出衣身的驳头造型。再根据驳头线进行翻折，观察其效果。（图8-6-4）

5）将衣身取下，按基础领样的步骤继续操作。将衣领布料铺于人台，使其后中心线与人台后中心线复合。（图8-6-5）

6）继续调整基础领样，在领窝处打适量剪口，避免受到牵扯。操作时，注意翻折领领面的后中心线应与领座的后中心线对齐。同时在操作过程中要不断注意后中心线的稳定。按照上述要求继续操作，直到衣领的翻折线与驳头翻折线基本一致。（图8-6-6）

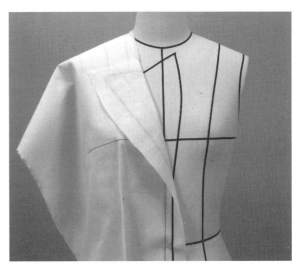

图8-6-4

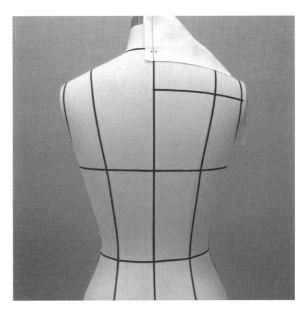

图8-6-5

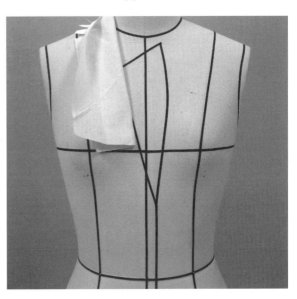

图8-6-6

7）将衣身与衣领组合起来，将基础领样安装在衣身领窝上，在基础领样上贴标识线，并按标识线做出外轮廓造型，操作时要注意其造型的美观。（图8-6-7）

8）将领部、肩部、袖窿处的余布进行粗裁，在衣摆处用标识线贴出衣摆造型。将其余布剪掉，同时留有一定的缝份。整理好后，参考人台标识线在布料上作出点画标记线，肩线、袖窿线、侧缝线等，并将腰省作好标记。（图8-6-8）

9）将衣片、衣领从人台上取下，平铺于平台上，根据点影线精确画出标记线，并保留1厘米左右的缝份，其余的修剪掉，做平面修正。驳领造型基本完成。（图8-6-9、图8-6-10）

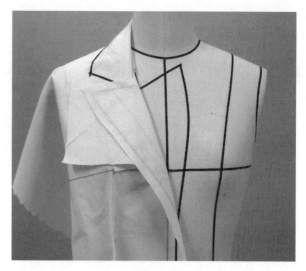

图8-6-7

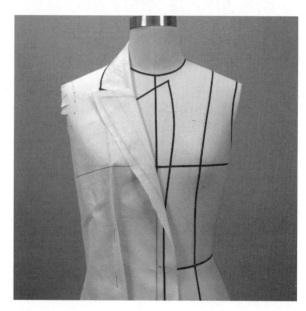

图8-6-8

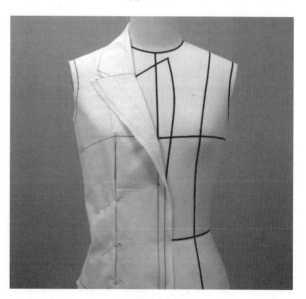

图8-6-9

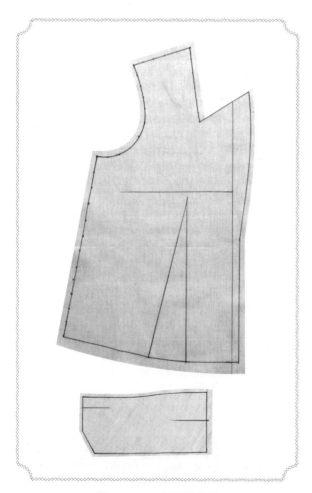

图8-6-10　平面展开图

三、运用拓展与作品赏析

1. 运用拓展（图8-7～图8-20）

图8-7

图8-8

图8-9

图8-10

图8-11

图8-12

图8-13

图8-14

图8-15

图8-16

图8-17

图8-18

图8-19

图8-20

2. 作品赏析（图8-21～图8-29）

图8-21

图8-22

图8-23

图8-24

图8-25

图8-26

图8-27

图8-28

图8-29

本章重点

学习袖子的立体裁剪方法。

本章难点

掌握袖子立体裁剪与平面裁剪方法的综合运用。

思考与练习

1. 学习袖子的立体裁剪方法。
2. 运用袖子立体裁剪与平面结合的方法制作一款
   变化袖型。

第九章

衣 袖

一、衣袖的理论

1. 衣袖的概述

　　人体的手臂与身体部分仅由关节联系在一起，因此其活动范围较大，从功能设计的角度出发，袖子结构一般都与衣身分开。通过对人体的观察，可以清晰地看到手臂向前弯曲的状态，因此不难理解合体袖向前弯曲的结构以及前袖窿挖度大于后袖窿。在袖子的立体裁剪中较多采用平面与立体相结合的方法。

2. 袖子的分类（图9–1）

1）按长度——长袖、七分袖（中袖）、五分袖（半袖）、短袖、肩带袖、无袖。

2）按袖片数——单片袖、两片袖、三片袖、多片袖。

3）按造型——装袖、插肩袖、连袖、紧口袖、泡泡袖、喇叭袖、灯笼袖、羊腿袖、荷叶袖等。

图9–1

二、衣袖的设计及其操作方法

1. 肘省合体一片袖

图9-2　平面款式图

款式说明：

　　是适体袖子基本的形态，袖身、袖口有一定的松量，在肘部收省使袖型整体略前倾，符合手臂的自然状态。

操作步骤：

1）先完成衣身的立体裁剪，量出袖窿弧线长，定出袖长和袖宽，取适量的布料一块，参考平面裁剪的方法标出袖中线、袖山顶点和袖长后，在14厘米的袖山高处画出水平辅助线，根据前后袖窿弧线的长度来确定袖山线。在人台上固定好假手臂，以便操作。

2）将袖片布样围在手臂上，复合纵向、横向的基准线并固定，注意手法不要强行拉扯。（图9-2-1）

3）沿手臂在两侧捏出适当松量，另外用珠针固定肘部多出的部分作为肘省。（图9-2）

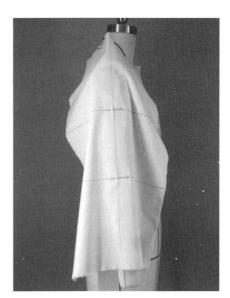

图9-2-1

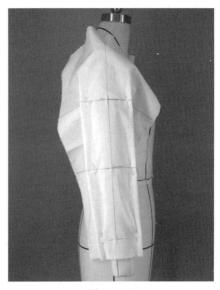

图9-2-2

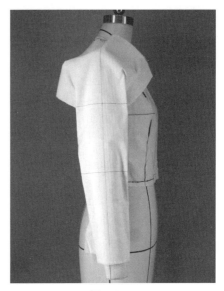

图9-2-3

4）用珠针固定袖底缝，去掉固定袖肥松量的珠针，调整袖子的整体造型，粗裁袖山多余的样布。（图9-2-3）

5）将假手臂取下，整理肘省，用标示带贴出与袖山中心线对应的袖底线，把多余的面料进行粗裁。（图9-2-4、图9-2-5）

6）使用藏针法将袖片与衣身复合，确认好装袖的位置，整理袖山的松量作为缩缝量，注意量的均匀分配。装袖完成后整理整体造型并标出记号，从人台上取下袖片，修正袖山弧线，袖片基本完成。（图9-2-6～图9-2-9）

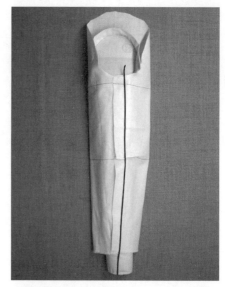

图9-2-4

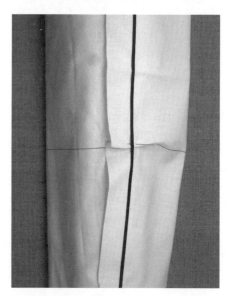

图9-2-5

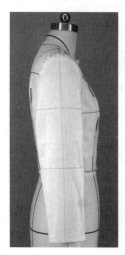
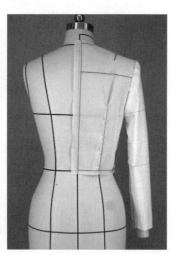

图9-2-7　　　　　　图9-2-8

图9-2-9　平面展开图

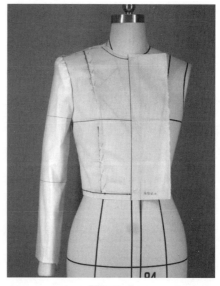

图9-2-6

2. 羊腿袖

图9-3　平面款式图

款式说明：

　　形状像羊腿的袖型，袖山为膨起的褶裥，袖口收紧。

操作步骤：

1）用平面结构方法取无省一片袖的板型对折，覆盖在布料上在袖中线处放足褶量，剪出泡袖基础袖样或直接取宽度为60厘米，袖长为50厘米的布料一块并画出袖中线。

2）将基础袖样覆盖在肩臂处，使袖中线与肩线对齐。（图9-3-1）

3）留有袖口适当松量的同时在袖山处逐一作出褶形，注意褶量的均匀，检查造型是否符合要求，整理确认后，用珠针固定并做好标记。（图9-3-2）

4）用珠针固定袖底缝，注意羊腿袖整体松量的把握，袖外侧膨起，内侧为适体松度。因袖山处褶裥较多，用标示线贴出袖窿线作为标记。（图9-3-3）

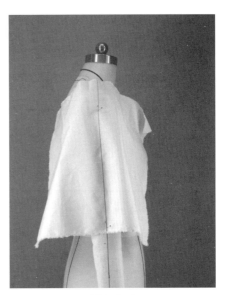

图9-3-1

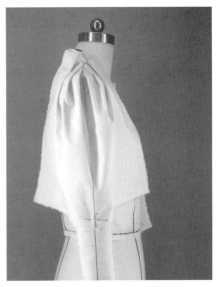

图9-3-2

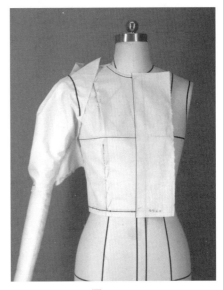

图9-3-3

5）继续调整袖子的整体造型，粗裁袖山、
袖底缝等处的多余样布。（图9-3-4）

6）从袖窿底部开始进行装袖，边固定边注
意袖子造型，确定袖长后，在袖口贴出
标记。（图9-3-5、图9-3-6）

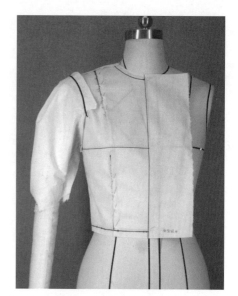

图9-3-4

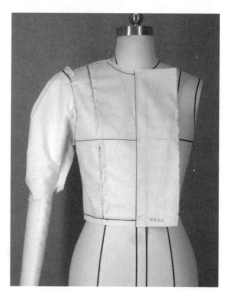

图9-3-5

图9-3-6

7）从人台上取下袖片，展平并重新修正轮
廓线，留取1厘米缝份后进行修剪。最后
复合于人台，加上袖口克夫使羊腿袖造
型更加完整。（图9-3-7～图9-3-10）

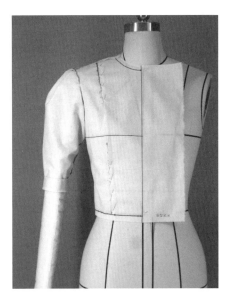

图9-3-7

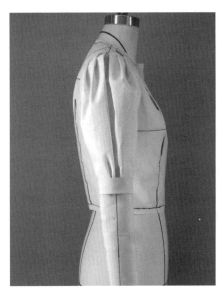

图9-3-8

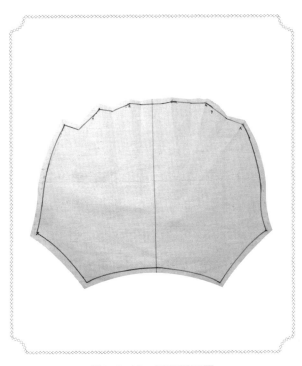

图9-3-10　平面展开图

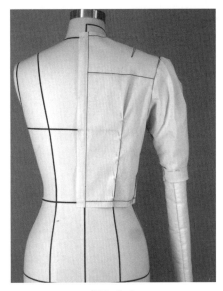

图9-3-9

3. 郁金香袖

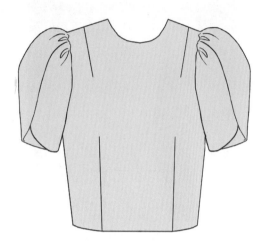

图9-4 平面款式图

款式说明:

本款袖型为两袖片叠合形成郁金香花苞形态,袖山叠褶适当膨起。

操作步骤:

1)取适量的布料两块,参考平面裁剪的方法标出袖中线和臂围水平辅助线,同时在假手臂上贴出造型线。(图9-4-1)

2)先进行前部袖片的操作,将样布覆盖在肩臂处,使纵向和横向的基准线对齐并用珠针固定。(图9-4-2)

3)在袖山处做出褶裥,注意褶量的均匀以及叠褶方向的统一,整理好后,用珠针固定并做好标记。(图9-4-3)

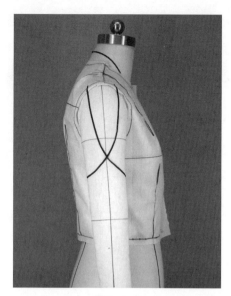

图9-4-1

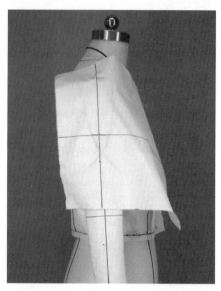

图9-4-2

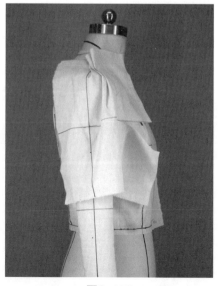

图9-4-3

4）将多余样布叠入袖底缝，不平顺的部位可打适量剪口，把多余样布进行粗裁，完成初步造型。（图9-4-4）

5）参考前袖片的操作步骤，将后袖片样布覆盖在肩臂处并用珠针固定。（图9-4-5）

6）同前片立裁一样进行袖山处叠褶，注意后片与前片褶量的统一。（图9-4-6）

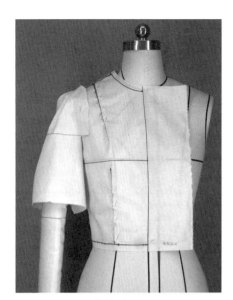

图9-4-4

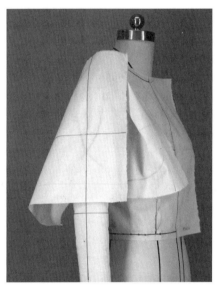

图9-4-5

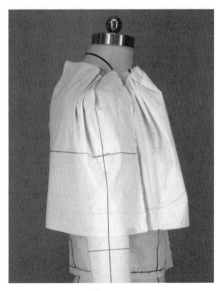

图9-4-6

7）对多余样布进行修剪，将袖底缝进行
固定，注意留有一定的活动量。（图
9-4-7）

8）调整好造型后做点影标记，从人台上取
下置于平面上进行修正轮廓线，然后
再装于手臂，观察其效果，完成郁金香
袖。（图9-4-8～图9-4-10）

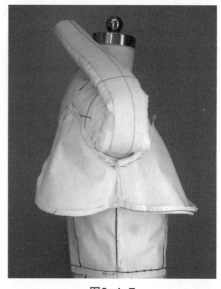

图9-4-7

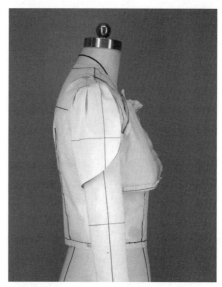

图9-4-8

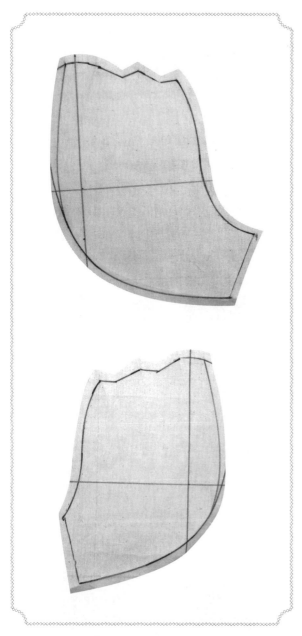

图9-4-10 平面展开图

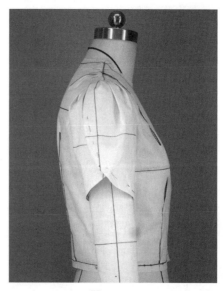

图9-4-9

4. 波浪袖

图9-5 平面款式图

款式说明:

　　在袖身和袖口处形成波浪,变化方法主要以展开为主,应使用具有良好悬垂性的材料。

操作步骤:

1) 取适量的布料一块,长=设计袖长,宽=设计波浪量,标出袖中线。将样布覆盖在肩臂处,使纵向基准线对齐并用珠针固定。(图9-5-1)

2) 接下来利用切展的方法进行波浪的立裁,以袖中线为基准打一剪口,注意留有缝份。(图9-5-2)

3) 将袖山剪口展开并在与之对应的下摆处向下拉,形成所需波浪并固定。前后波浪应保持均匀,同时可将多余面料进行粗裁。(图9-5-3)

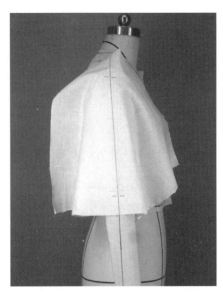

图9-5-1

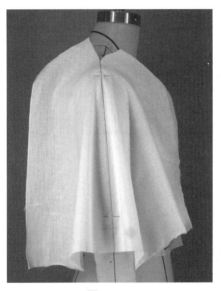

图9-5-2

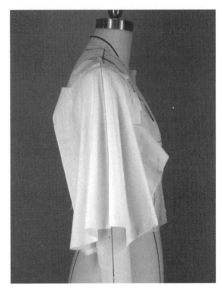

图9-5-3

4）固定袖底缝，在胸宽点、背宽点处剪掉袖山多余的面料，留1.5厘米缝份，同时在胸宽、背宽点和袖山处打适量刀口，以便袖山下部的转折。（图9-5-4）

5）进一步调整后，用标示带在设计的袖口处做标记，贴标示带时注意不易过紧，并保持水平。（图9-5-5）

6）修剪多余面料后做点影标记，从人台上取下置于平面上进行修正轮廓线，然后再装于手臂，可将假手臂抬起，先固定袖窿底部，再一步步向袖山处装袖。（图9-5-6）

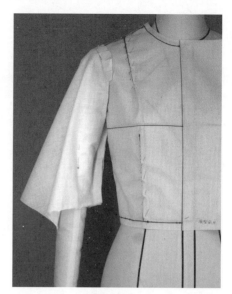

图9-5-4

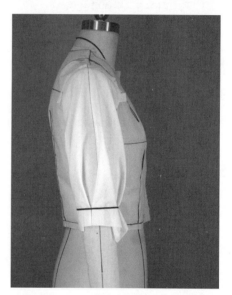

图9-5-5

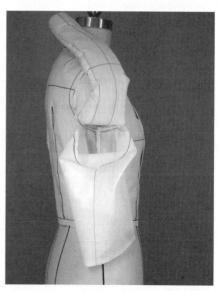

图9-5-6

7）装好袖子观察其形态，进一步调整，最
　终完成波浪袖造型。为了造型的美观也
　可将袖边缘缝份进行折烫。（图9-5-7～
　图9-5-10）

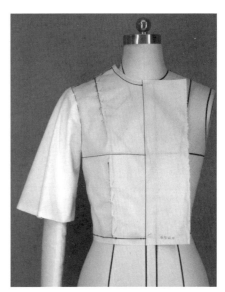

图9-5-7

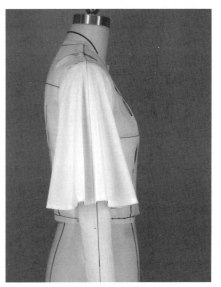

图9-5-8

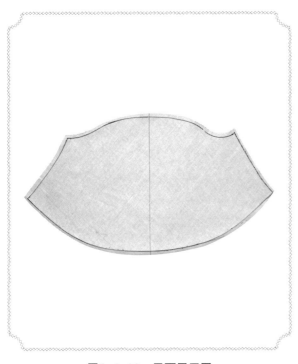

图9-4-10　平面展开图

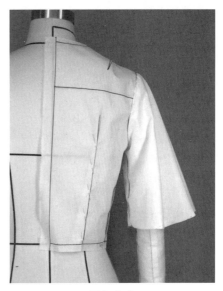

图9-5-9

5. 双层荷叶边袖

图9-6 平面款式图

款式说明：

　　双层荷叶袖是由两层波浪袖片叠加而成的，要注意两层袖片的波浪量和叠加层次的配合关系。

操作步骤：

1）为了袖型的悬垂效果，袖片的用料采用斜纱，分别取长70厘米和长50厘米正方形布料两块，进行斜裁，并确定袖中线。70厘米正方形布料斜裁后，将其中一片三角形袖片布料覆于肩臂部，袖中线上端与肩线对准，下端与上臂倾斜度相符合，用针固定。（图9-6-1）

2）以袖中线为参照线打一剪口，利用切展的方法进行波浪的立裁。将袖山剪口展开并在与之对应的下摆处向下拉，形成所需波浪并固定。继续沿着袖山走势作剪口，用同样的手法完成其余波浪。操作时可用珠针固定切展口，以免波浪移位。（图9-6-2、图9-6-3）

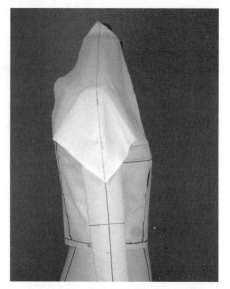

图9-6-1

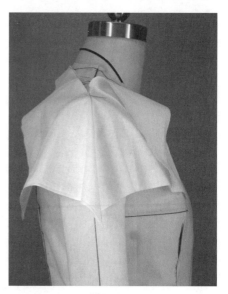

图9-6-2

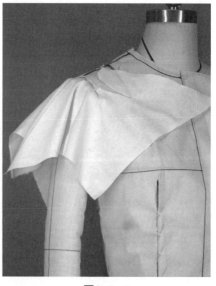

图9-6-3

3）在前后袖片上分别整理出波浪并固定，注意处理波浪大小的时候考虑到另一片叠加的荷叶边袖的效果。（图9-6-4）

4）将前后袖窿处打剪口为转折点，分别向内折转，调整袖身造型，用标示带在袖口处做标记并修剪多余面料。（图9-6-5）

5）袖身肥度和波浪数量调整到造型需要，确定前后袖缝位置和袖缝线的形态，做好点影标记。（图9-6-6）

6）进一步调整，修剪，观察形态。

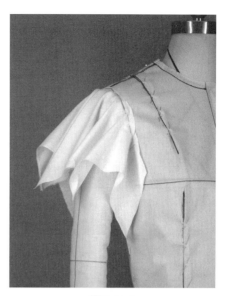

图9-6-4

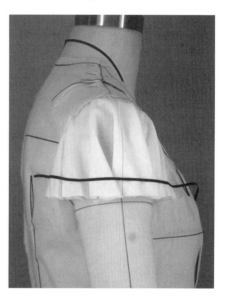

图9-6-5

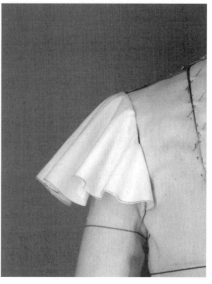

图9-6-6

7）另一层较短的荷叶袖用同样的方法进行
　　立裁，最后进行调整，达到满意的效
　　果。（图9-6-7～图9-6-10）

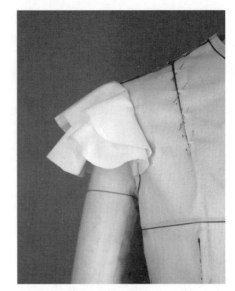

图9-6-7

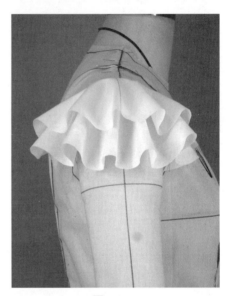

图9-6-8

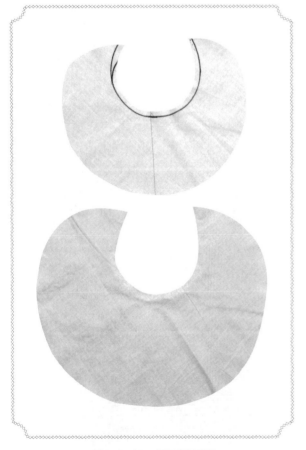

图9-6-10　平面展开图

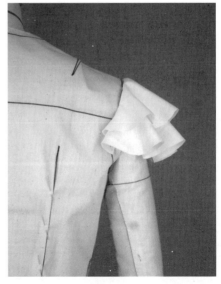

图9-6-9

6. 连身袖

图9-7　平面款式图

款式说明：

　　连身袖因衣身与袖子是连在一起的，故而，在制作时需考虑手臂的活动量。

操作步骤：

1）分别取前后两块布样，在手臂上量出长度与宽度分别加放一定的松量并标出中心线和胸围线。

2）先进行前片的立裁，将确定好前中心线和胸围线的布料覆于人台上，与人台上的同名称线条重合，并用珠针将布料固定在人台上。（图9-7-1）

3）在保证衣身造型平稳的基础上，整体把握衣身的松量，将衣身从前中心处逐渐向侧缝处推抚，在侧缝预留一定的松量，并用珠针在侧缝做初步的固定。（图9-7-2）

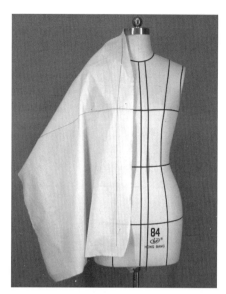

图9-7-1

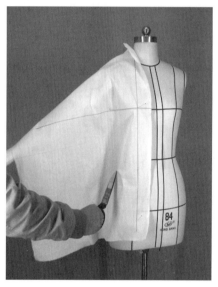

图9-7-2

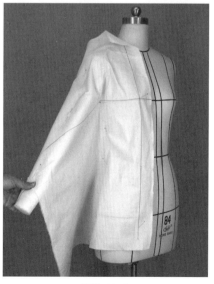

图9-7-3

4）将假手臂抬于45度角位置，将衣身按照
　　预留在侧缝处粗裁。将袖片部位布料按
　　照手臂结构和袖中心标识线从肩部逐步
　　向袖口处定位，留出一定松量用珠针固
　　定，余量向两侧推移至袖缝处，并做出
　　记号。（图9-7-3）

5）整理好前片后，将袖底缝和侧缝多余布
　　料粗裁，并在布料上做出点画标记线。
　　（图9-7-4）

6）后片操作步骤同前片，注意前后片松量
　　的整体把握。（图9-7-5、图9-7-6）

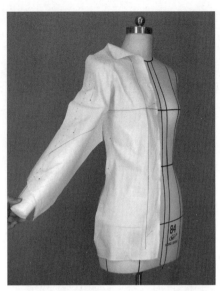

图9-7-4

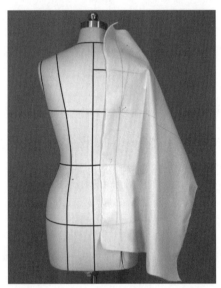

图9-7-5

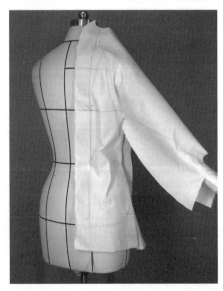

图9-7-6

7）将后片与前片组合，用珠针固定，注意
　　留有松量及缝份。（图9-7-7）

8）观察、调整前后衣身，确定整体造型，
　　将多余的面料进行粗裁，并在布料上做
　　点影标记。（图9-7-8、图9-7-9）

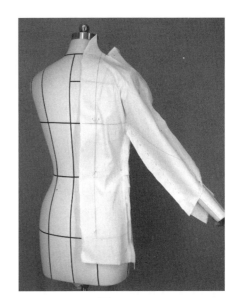

图9-7-7

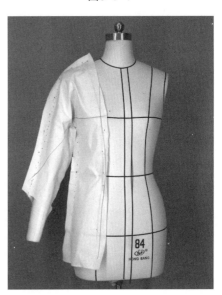

图9-7-8

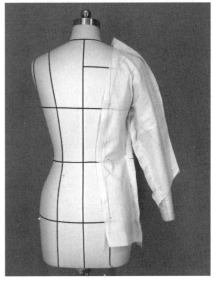

图9-7-9

9）另取前片面料一块，长＝设计衣长＋放松量，宽＝前中心线到前公主线的距离＋放松量，画出前中心线和胸围线。在人台前侧片腰部打适量剪口，同时向外轻折，用珠针临时固定，以方便接下来的操作。（图9-7-10）

10）将布料覆于人台上，与人台上的同名称线条重合，并用珠针固定。将领部进行粗裁，在领部和腰部打剪口，注意留有缝份。（图9-7-11）

11）将前片与前侧片组合，用珠针固定时应留有活动松量，不易过紧，并做点影标记。（图9-7-12）

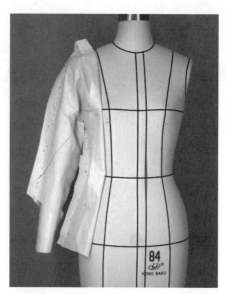

图9-7-10

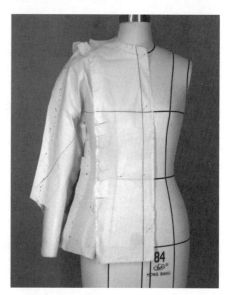

图9-7-11

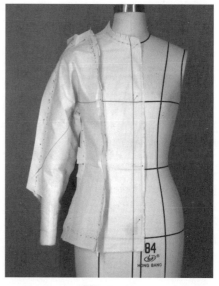

图9-7-12

12）取后片面料一块，长=设计衣长+放松
量，宽=后中心线到后公主线的距离+
放松量，画出后中心线和胸围线。后片
操作同前片。（图9-7-13）

13）将前片与前侧片组合，在需要的部位打
剪口，并做点影标记。（图9-7-14）

14）调整好整体造型后，确定衣身各处的标
记，在腰部做好各片的对位标记。同
时在袖口处贴好标示带，注意线条的水
平。（图9-7-15）

15）基本型完成后分别取下，置于平台上，
依据平面裁剪的方法画出袖山弧线，并
留有一定的缝份，剪去多余的布料。

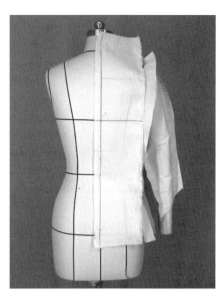

图9-7-13

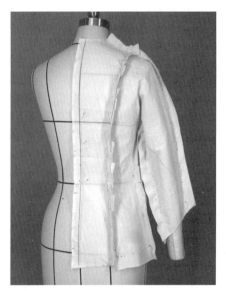

图9-7-14

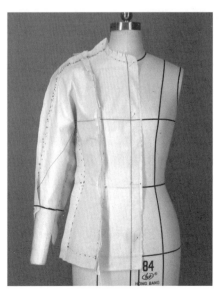

图9-7-15

16）将完成的衣片重新复合于人台上，连身
袖的立体裁剪完成。（图9-7-16～图
9-7-19）

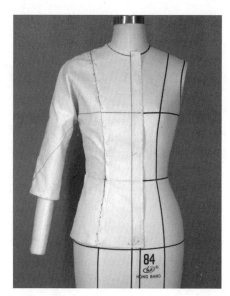

图9-7-16

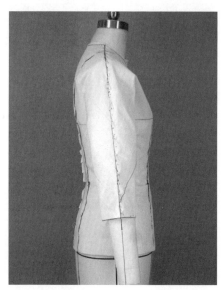

图9-7-17

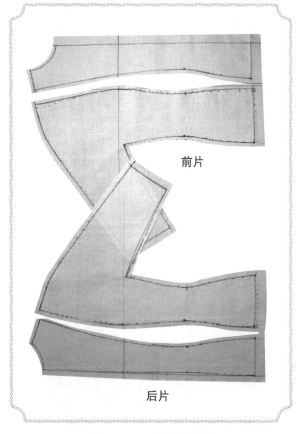

前片

后片

图9-7-19　平面展开图

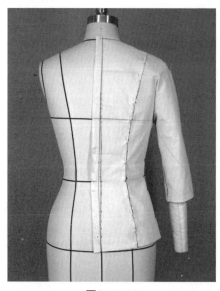

图9-7-18

三、运用拓展与作品赏析

1. 运用拓展（图9-8 ~ 图9-20）

图9-8

图9-9

图9-10

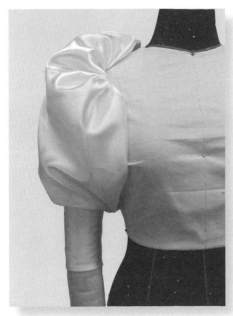

图9-11

图9-12

图9-13

图9-14

图9-15

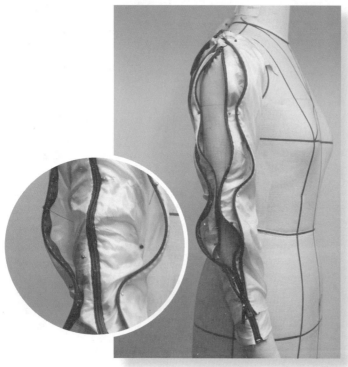

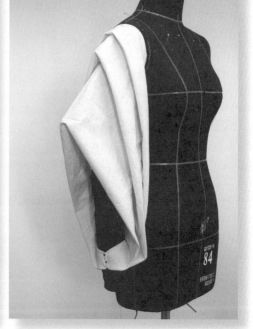

图9-16

图9-17

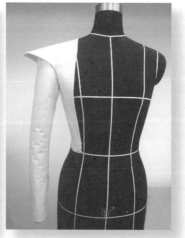

图9-18

图9-19

图9-20

2. 作品赏析（图9-21～图9-30）

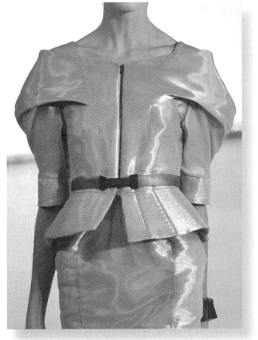

图9-21

图9-22

图9-23

图9-24

图9-25

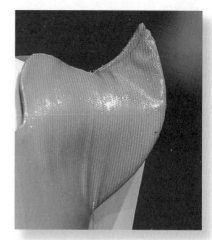

图9-26　　　　　　　　　　　图9-27

图9-29

图9-28　　　　　　　　　　　图9-30

本章重点
学习裙装的立体裁剪方法。

本章难点
波浪裙的立体裁剪方法。

思考与练习
掌握裙装的基本立体裁剪操作方法及设
计运用。

第十章

裙　装

一、裙装的理论

1. 裙装的概述

裙装是女装中的主要品种，包括日常生活中的直筒裙、大摆裙以及超短裙等不同品种。由于体型的差异以及穿着习惯的不一，人们对裙装的款式以及功能的要求上也存在很大区别，立体裁剪作为一种创造性的造型手段被广泛运用于裙装的造型设计中。

2. 裙装的分类

裙装的造型多变但归纳起来包括有长裙与短裙之分，紧身与松身之分，有褶与无褶之分，对称与不对称之分，连身裙与半截裙之分等。（图10-1）

图10-1

二、裙装的设计及其操作步骤

1. 直身裙

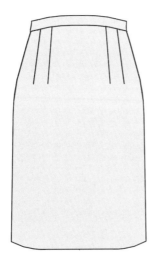

图10-2　平面款式图

款式说明：

　　作为裙装的基本型，直身裙具有结构合理、造型简便、适应面广的特点。通过腰臀省的处理，使人体的曲线得到了完美体现。

操作步骤：

1）取出经向布料一块，宽=前中心线至侧缝线的距离+6~10厘米，长=腰围线至裙长的距离+6~10厘米，在布上需标出臀围线与前中心线。将样布与人台同名线重合。（图10-2-1）

2）将腰围处的余量做两个省道，第一个省道将腰围处的余量推向公主线处并固定。剩下的余量为第二个腰省。操作时注意，应将余量均匀分布，并在腰围处受到牵扯的地方打适量剪口，使其平顺。（图10-2-2）

3）参考前片步骤继续后片的操作。（图10-2-3）

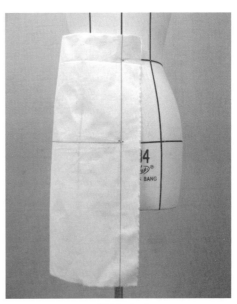

图10-2-1

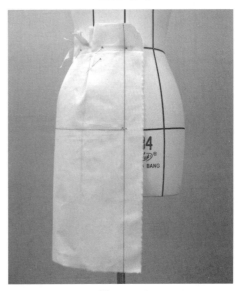

图10-2-2

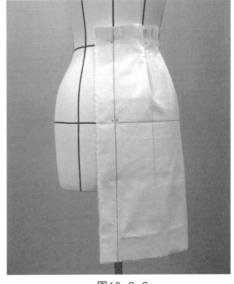

图10-2-3

4）将前后裙片进行粗裁，按同名线进行对位组合。

5）整理好后，参考人台标识线在布料上作出点画标记线，如腰围线、侧缝线、裙摆线，并将省道作好标记。

6）将裙片从人台上取下，平铺于平台上，根据点影线精确画出标记线，留出1厘米缝份将其余的修剪掉，做平面修正，最终获得所需纸样。（图10-2-4 ~ 图10-2-7）

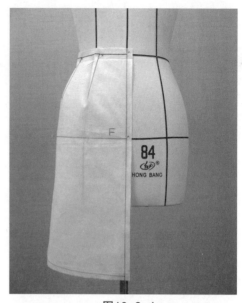

图10-2-4

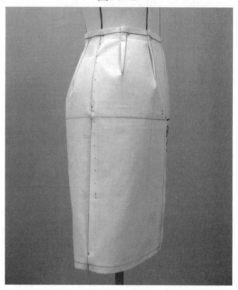

图10-2-5

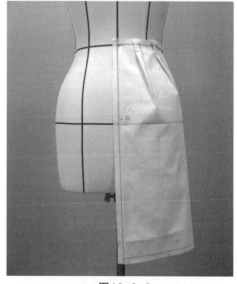

图10-2-6

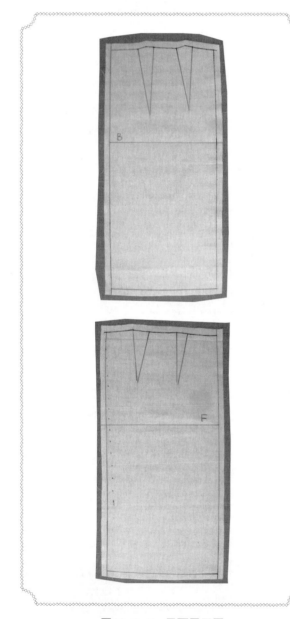

图10-2-7　平面展开图

2. 波浪裙

图10-3　平面款式图

款式说明：

　　裙摆量较大，在臀围处较贴体，裙子在纵向形成波浪，因此在面料的选择上应采用轻薄织物，对于较厚实的面料应采用45度斜纱面料。

操作步骤：

1）取45度正斜布料一块，在布料上标出前中心线和臀围线。将布料与人体模型的同名线对齐。（图10-3-1）

2）确定裙身所需波浪的位置，注意波浪的均匀，可在所需剪开的位置作相应的标记，然后在腰部做剪口，将腰围剪口展开并在与之对应的下摆处向下拉，形成所需波浪。（图10-3-2）

3）按标记继续在腰部作剪口，用同样的手法完成其余波浪。操作时可用珠针固定切展口，以免波浪移位。完成后，在侧缝处用标识带贴出裙侧缝。（图10-3-3）

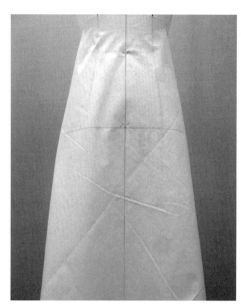

图10-3-1

图10-3-2

图10-3-3

4）参考前片步骤继续后片的操作。（图10-3-4）

5）将前后裙片进行粗裁，按同名线进行对位组合。将下摆进行修整，整理好后，参考人台标识线在布料上作出点画标记线，如腰围线、侧缝线。（图10-3-5）

6）将裙片从人台上取下，平铺于平台上，根据点影线精确画出标记线，留出1厘米缝份将其余的修剪掉，做平面修正，最终获得所需纸样。为了造型需要可以加上腰头。（图10-3-6、图10-3-7）

图10-3-4

图10-3-5

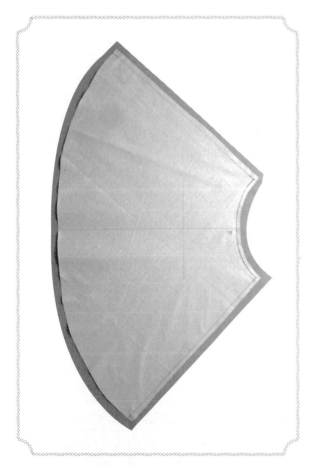

图10-3-7　平面展开图

图10-3-6

3. 腰部分割褶裙

图10-4　平面款式图

款式说明:

　　该款由育克及裙摆两部分组成,裙摆采用45度斜纱、外观无省,裙摆量以及部位可根据需要自由调节,强调具体的操作技巧。

操作步骤:

1)取布料一块,长=腰围线到育克造型线+6~10厘米,宽=前中心线到侧缝距离+6~10厘米,画出前中心线。用标识带在人台上标出育克的造型线。(图10-4-1)

2)将样布与人台同名线条对位复合,松量向侧缝方向将布料推平顺,腰部打适量剪口以保证平服,调整好造型后在样布上标出腰围线和育克造型线。(图10-4-2)

3)另取45度正斜布料一块,在布料上标出经纱方向和臀围线,将布料与人体模型的同名线条对齐,在育克造型线处做剪口,将剪开的上片向左上方向转移,使裙摆形成第一个波浪,调整形成波浪褶。(图10-4-3)

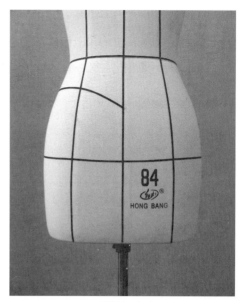

图10-4-1

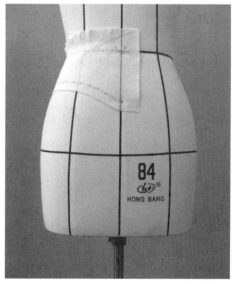

图10-4-2

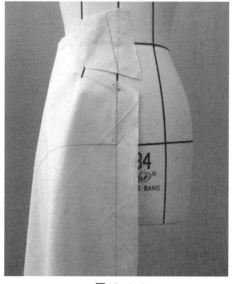

图10-4-3

4）在育克线上作第二次剪口，继续向左上
　方向转移，再与之对应的下摆处向下
　拉，形成第二个波浪褶。操作时应保证
　两个波浪褶间距和放量的均衡。（图
　10-4-4）

5）调整好裙身波浪整体造型后，将多余的
　面料进行粗裁，同时将腰围线与下摆修
　整，裙样便基本完成。参考人台标识线
　在布料上作出点画标记线，如侧缝线、
　腰线，育克分割线等，同时作好波浪褶
　对位标记。（图10-4-5）

6）将衣片从人台上取下，平铺于平台上，
　根据点影线精确画出标记线，并保留1
　厘米左右的缝份，其余的修剪掉，做
　平面修正，最终获得所需纸样。（图
　10-4-6、图10-4-7）

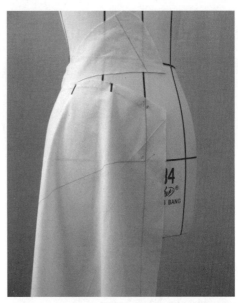

图10-4-4

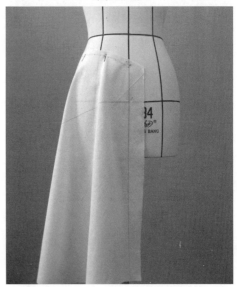

图10-4-5

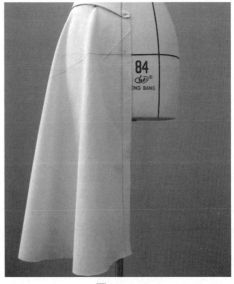

图10-4-6

图10-4-7　平面展开图

4. 叠褶裙

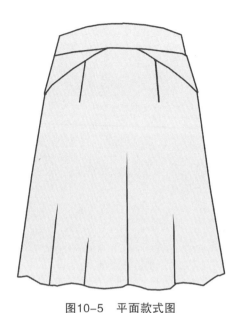

图10-5 平面款式图

款式说明：

    裙身两侧做两次叠褶的造型，一个褶为竖褶，另外一个斜褶，斜褶压于竖褶之上，整体造型简洁但富有变化。

操作步骤：

1）取布料一块，长=裙长+10厘米，宽=臀围/2 +15~20厘米，画出前中心线。用标识带在人台上标出造型线。注意此款为有腰头的设计，因此腰线略有下降。（图10-5-1）

2）将样布与人台同名线条对位复合，将腹部样布抚平顺，并分别在裙身设计的叠褶部位捏褶，注意左右位置的对称及褶量的均衡。（图10-5-2）

3）为了侧缝斜褶的造型需要，使其在叠褶后更加平顺，需根据所贴造型标识线将样布剪开，并注意留有一定的缝份。（图10-5-3）

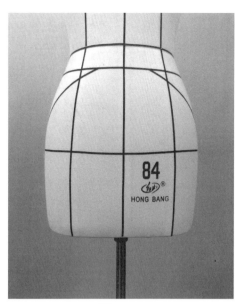

图10-5-1

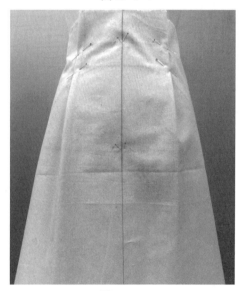

图10-5-2

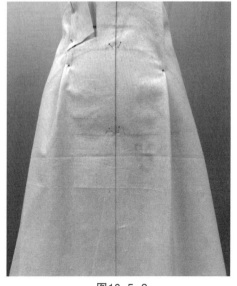

图10-5-3

4）根据斜向造型线将面料斜向叠褶，覆盖于竖褶之上，在操作时，注意左右两褶造型的对称和褶量的平均。（图 10-5-4）

5）调整好裙身整体造型后，将多余的面料进行粗裁，同时将腰围线与下摆修整，裙前片便基本完成。参考人台标识线在布料上作出点画标记线，如侧缝线、腰线等，同时作好褶的对位标记。（图 10-5-5）

6）继续进行裙后片操作，为了方便后片操作，可先将裙前片取下。另取布料一块，长=裙长+10厘米，宽=臀围/2 +10厘米，画出后中心线。用标识带在人台上标出造型线。（图10-5-6）

7）将腰围处做两个省道，两个省道将腰围处的余量推向公主线处并固定。剩下的少许余量可顺势推向侧缝处。操作时注意，余量的均匀分布及裙身的平服。整理好后，将多余的面料进行粗裁，并参考人台标识线在布料上作出点画标记线，如侧缝线、腰线等，同时作好省道的对位标记。（图10-5-7）

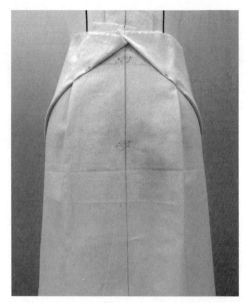

图10-5-4

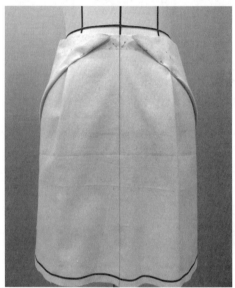

图10-5-5

图10-5-6

8）继续腰头的操作，另取布料两块，长＝腰
　　围/2+2厘米，宽＝设计宽度+2厘米，将面
　　料复合于人台，在需要部位打适量剪口使
　　其平顺，并作点影，取下后进行扣烫。将
　　前后裙片及腰头复合于人台，获得最终造
　　型。（图10-5-8、图10-5-9）

9）将裙片从人台上取下，平铺于平台上，
　　根据点影线精确画出标记线，并保留1
　　厘米左右的缝份，其余的修剪掉，做
　　平面修正，最终获得所需纸样。（图
　　10-5-10）

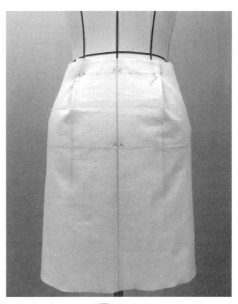

图10-5-7

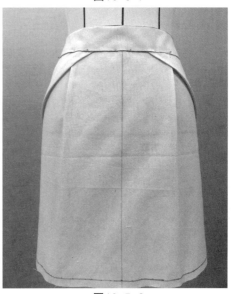

图10-5-8

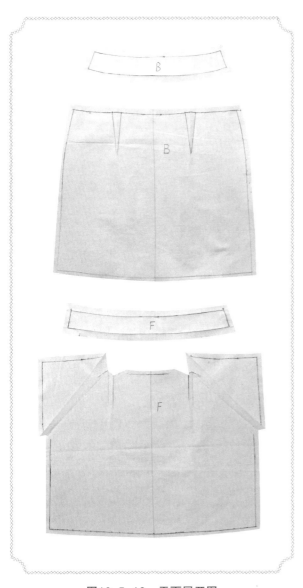

图10-5-10　平面展开图

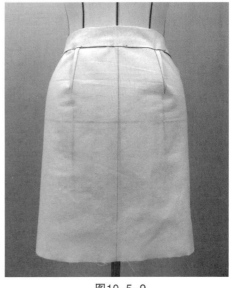

图10-5-9

5. 连衣裙

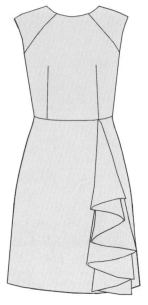

图10-6　平面款式图

款式说明:

　　此款是腰部分割凸显女性身体曲线的连衣裙造型,为不对称裙身配以自然垂下的波浪插片。

操作步骤:

1)根据设计造型在人台上贴出前片标识线,注意左右造型的对称。因身体活动量的要求,需适当加大袖窿线。(图10-6-1)

2)取样布一块,长=领窝线至腰围线距离+6~10厘米,宽=胸围/2+6厘米,画出前中心线和胸围线。将样布与人台同名线复合,将布料推平顺,根据造型将余量捏出腰省,在需要的部位打适量剪口,将多余面料进行粗裁,参考人台标识线在坯布上画出标记。(图10-6-2)

3)根据设计褶量及宽度取长方形样布一块,置于人台上进行叠褶,操作时注意褶量的均衡美观,应符合人体肩部的弧度。(图10-6-3)

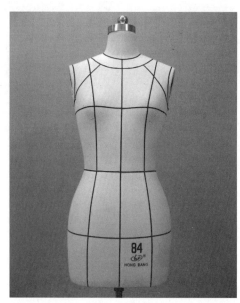

图10-6-1

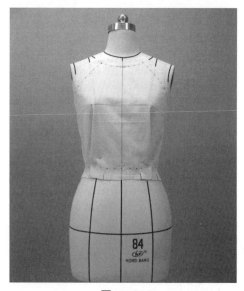

图10-6-2

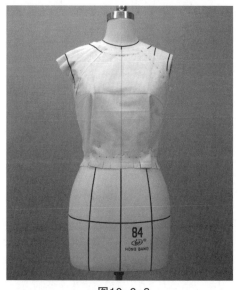

图10-6-3

4）继续下裙的立裁，取样布一块，长=设计裙长+6厘米，宽=左侧缝至前裙片分割线的距离+6厘米，画出前中心线和臀围线。将样布与人台同名线复合，把布料推平顺，将腰部余量捏出腰省，注意省位应与上衣腰省位对应，剩下的余量可顺势推至侧缝处，同时在腰部打适量剪口，将多余面料进行粗裁，参考人台标识线在坯布上画出标记。（图10-6-4）

5）另一侧裙片取长=设计裙长+6厘米，宽=右侧缝至前裙片分割线的距离+6厘米，画出臀围线。将样布与人台同名线复合，把布料推平顺，将腰部余量顺势推至侧缝处，同时在腰部打适量剪口，将多余面料进行粗裁，参考人台标识线在坯布上画出标记。（图10-6-5）

6）另取半径为裙长的扇形的斜纱样布一块，将样布插入分割线内，注意垂直与平顺。（图10-6-6）

图10-6-4

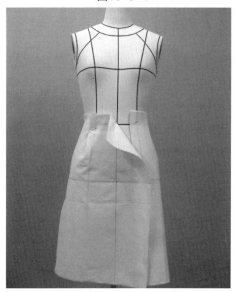

图10-6-5

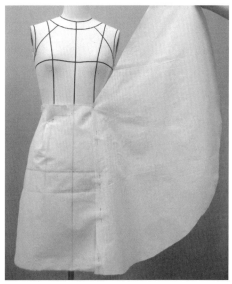

图10-6-6

7）将扇形裙插片顺势垂下，观察并调整其造型，根据设计做相应的修剪。（图10-6-7）

8）根据设计造型在人台上贴出后片标识线，注意左右造型的对称与前片的对应关系，因身体活动量的要求，需适当加大袖窿线。（图10-6-8）

9）因后片为对称设计，故可进行一半的操作，然后将衣片进行拓版。取长=领窝线至腰围线距离+6~10厘米，宽=后中心线至侧缝的距离+6厘米，画出后中心线和胸围线。将样布与人台同名线复合，将布料推平顺，根据造型将余量捏出腰省，在需要的部位打适量剪口。肩部的操作参考前片，注意前后片的对位和褶量的平均，将多余面料进行粗裁，参考人台标识线在坯布上画出标记。（图10-6-9）

10）裙后片的操作参考直身裙步骤，操作时应注意整体松量的把握，省位应与上衣腰省对位。（图10-6-10）

11）将前后片各部分复合于人台，获得最终造型。（图10-6-11、图10-6-12）

图10-6-7

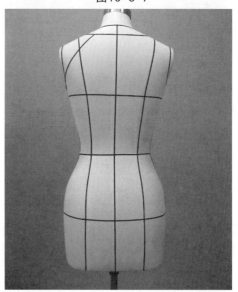

图10-6-8

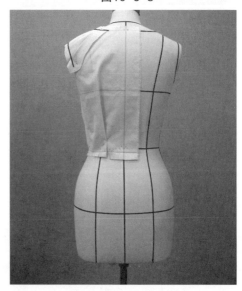

图10-6-9

12）将衣片从人台上取下，平铺于平台上，根据点影线精确画出标记线，并保留1厘米左右的缝份，其余的修剪掉，做平面修正，最终获得所需纸样。（图10-6-13）

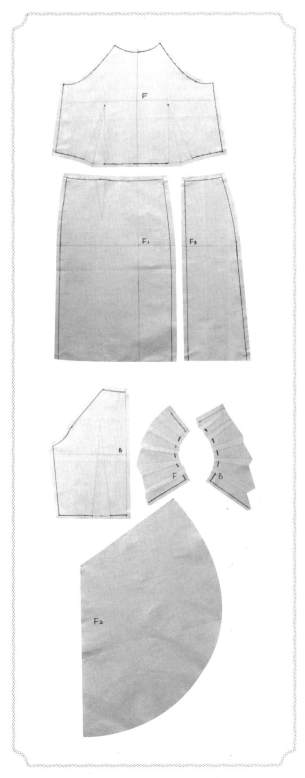

图10-6-13　平面展开图

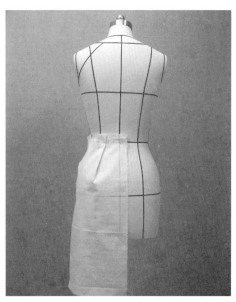

图10-6-10

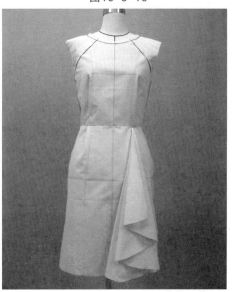

图10-6-11

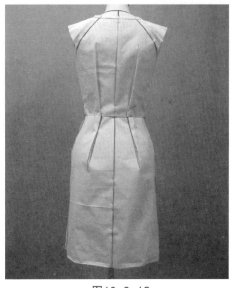

图10-6-12

三、运用拓展与作品赏析

1. 运用拓展（图10-7～图10-10）

图10-7

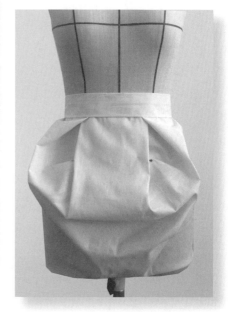

图10-8

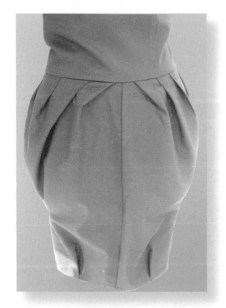

图10-9

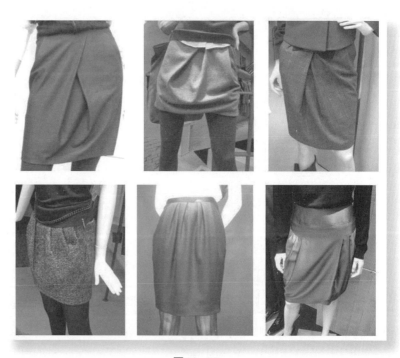

图10-10

2. 作品赏析（图10-11～图10-19）

图10-11

图10-12

图10-14

图10-13

图10-15

图10-16

图10-17

图10-18

图10-19

本章重点

学习立体裁剪中紧身型和松身型服装造型的操作方法。

本章难点

如何将立体裁剪中的服装造型和设计结合起来。

思考与练习

1. 掌握紧身型和松身型服装造型的操作方法。

2. 一件完整的成衣设计作品的立体裁剪练习。

第十一章

服装整体造型
综合运用

一、立体裁剪的综合运用

1. 概述

通过以上几个章节，我们了解到了立体裁剪的基本技法和服装主要部件的立体裁剪方法，服装的整体造型是指依据设计对衣身、衣袖、衣领等部件有机的结合，而立体裁剪的综合运用是对前面各种部位、部件立体裁剪方法的整体把握。

2. 服装整体造型中衣身的分类（图11-1）

1）紧身型——是面料与人体的合理的符合，呈现出贴体状态，这种贴体状态的产生关键就在于省的原理的运用，形式上表现为分割、包裹、缠绕、编结等，多用于贴身着装如日常连衣裙、小套装、礼服等。

2）松身型——表现为面料与人体是一种离体状态，形成一定的空间。大多数外套都表现为宽松造型，但随着当前人们追求一种舒适个性化的着装，很多贴身的服装也表现为宽松自然状。常用的表现方法有披挂、褶皱等。

图11-1

二、紧身型造型设计及其操作方法

1. 范例一 多次分割叠褶连衣裙

图11-2 平面款式图

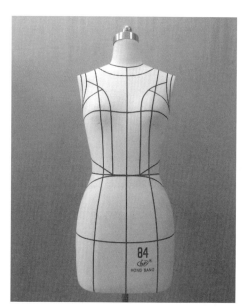

图11-2-1

款式说明：

此款服装为紧身合体造型，将多次分割与叠褶相结合，注重外部廓形的简洁与内部结构的变化。

操作步骤：

1）根据设计造型在人台上贴出前片标识线，注意左右造型的对称。因身体活动量的要求，需适当加大袖窿线。（图11-2-1）

2）取样布一块，长=领窝线至腰围线距离+6~10厘米，宽=两肩点的距离+6厘米，画出前中心线和胸围线。将样布与人台同名线复合，将布料推平顺，在需要的部位打适量剪口，将多余面料进行粗裁，参考人台标识线在坯布上画出标记。（图11-2-2）

3）根据前侧片上部三角造型量取布一块，置于人台上推平顺并粗裁，画出点影。（图11-2-3）

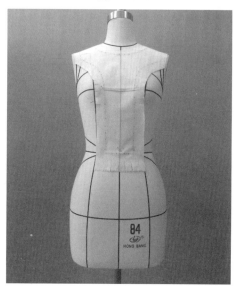

图11-2-2

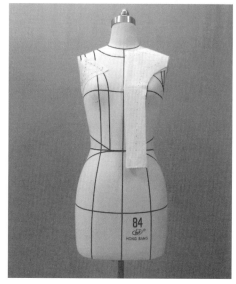

图11-2-3

4）根据前侧片下部造型量取布一块，长宽需加放6~10厘米，画出胸围线。把样布与人台同名线复合，根据造型将省量向前中心线方向叠褶，同时将布料推平顺，在需要的部位打适量剪口，将多余面料进行粗裁，参考人台标识线在坯布上画出标记。（图11-2-4）

5）根据前片腰部三角造型量取布一块，加放6厘米，置于人台上抚平顺，因腰部弧度较大，需在侧缝及上下造型线处打适量剪口，调整好造型后进行粗裁，按造型线画出点影。（图11-2-5）

6）根据设计造型在人台上贴出后片标识线，注意左右造型的对称。因身体活动量的要求，需适当加大袖窿线。（图11-2-6）

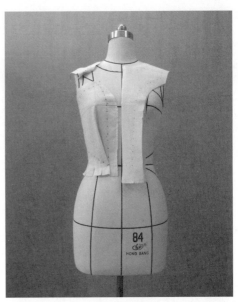

图11-2-4

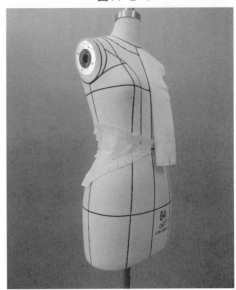

图11-2-5

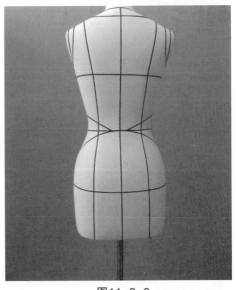

图11-2-6

7）取后片样布一块，长＝领窝线至腰围线距离+6~10厘米，宽＝后中心线至侧缝距离+6厘米，画出后中心线和胸围线。将样布与人台同名线复合，布料顺势抚平至侧缝，并固定侧缝线，余量推至背宽线下方，形成腰省量并用珠钉固定，注意留有一定的松量，并在下摆处打适量剪口。将多余面料进行粗裁，参考人台标识线在坯布上画出标记。（图11-2-7）

8）根据后片腰部三角造型量取布一块，加放6厘米，置于人台上抚平顺，因腰部弧度较大，需在侧缝及上下造型线处打适量剪口，调整好造型后进行粗裁，按造型线画出点影。（图11-2-8）

9）取长方形样布两块，长＝裙长+10厘米，宽＝臀围/2×2.5倍。将样布覆于人台上，从前中心线处分别向两侧叠褶，操作时注意褶量的均匀和左右的对称，边操作边观察整体造型。调整好后，根据腰部造型线进行粗裁，并修剪下摆，在侧缝处用标识带贴出裙侧缝。（图11-2-9）

10）后片褶裙操作步骤同前片。（图11-2-10）

11）将前后片各部分复合于人台，获得最终造型。（图11-2-11、图11-2-12）

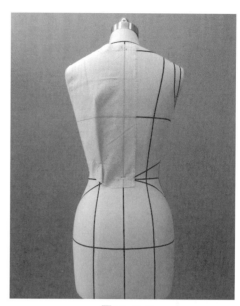

图11-2-7

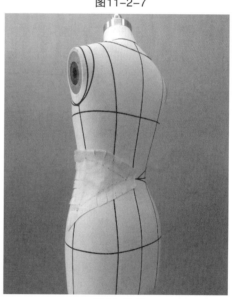

图11-2-8

图11-2-9

12）将衣片从人台上取下，平铺于平台上，根据点影线精确画出标记线，并保留1厘米左右的缝份，其余的修剪掉，做平面修正，最终获得所需纸样。（图11-2-13）

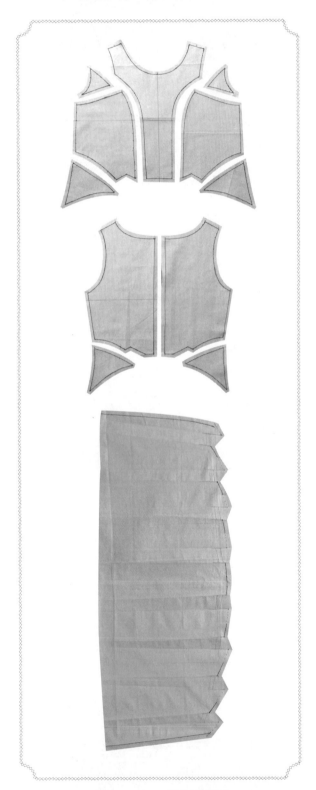

图11-2-13 平面展开图

图10-2-10

图10-2-11

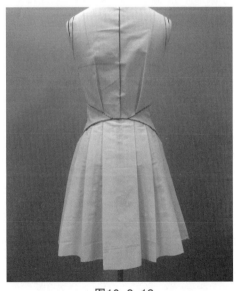

图10-2-12

2. 范例二　纵向分割裙衫长外套

图11-3　平面款式图

款式说明：

　　此款服装衣身纵向分割，腰部叠适量褶皱、配以圆翻领和两片袖，是一款较为合体的春秋外套造型。

操作步骤：

1）根据设计造型在人台上贴出前片标识线，注意左右造型的对称。因身体活动量和外套的造型的要求，需适当加大领围线和袖窿线。（图11-3-1）

2）取样布一块，长＝衣长+6~10厘米，宽＝前中心线至设计分割线的距离+6厘米，画出前中心线和胸围线。将样布与人台同名线复合推平顺，在需要的部位打适量剪口并粗裁，参考人台标识线在坯布上标出标记。（图11-3-2）

3）另取样布一块，长＝前腰节长+6~10厘米，宽＝设计分割线至侧缝线的距离+6厘米，画出胸围线。将布置于人台上推平顺并粗裁，画出点影线。（图11-3-3）

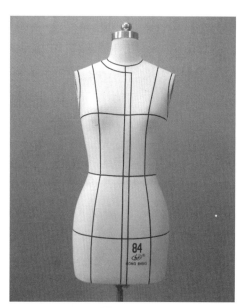

图11-3-1

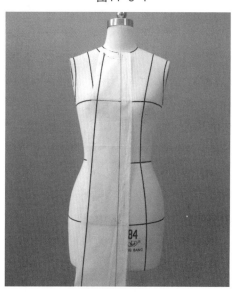

图11-3-2

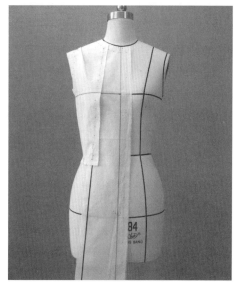

图11-3-3

4）根据设计造型在人台上贴出后片标识线，注意左右造型的对称。因身体活动量的要求，需适当加大领围线和袖窿线，注意整体线条的圆顺。（图11-3-4）

5）取后片样布一块，长=侧颈点至背部分割线的距离+6~10厘米，宽=后背宽+6厘米，画出后中心线。将样布与人台同名线复合，将布料推平顺，在需要的部位打适量剪口，将多余面料进行粗裁，参考人台标识线在坯布上画出标记。操作时注意留有一定的松量。（图11-3-5）

6）另取后片样布一块，长=背部分割线至设计下摆的距离+6~10厘米，宽=胸围/2+6厘米，画出后中心线和胸围线。将样布与人台同名线复合，以后中心线为基准打工字褶，同时保持背部平顺，腰线下部自然下垂，将多余面料进行粗裁，参考人台标识线在坯布上标出标记。（图11-3-6）

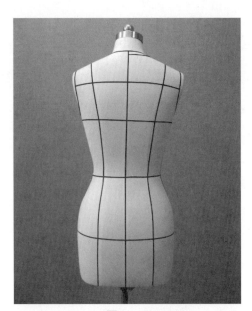

图11-3-4

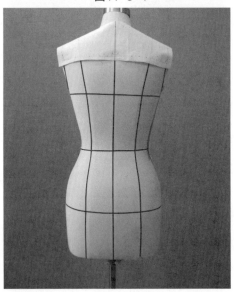

图11-3-5

图11-3-6

7）取后侧片样布一块，长＝背部横向分割
线至腰线的距离＋6厘米，宽＝背部纵向
分割线至侧缝线的距离＋6~10厘米，画
出胸围线。将样布与人台同名线复合，
将布料推平顺，在需要的部位打适量剪
口，将多余面料进行粗裁，参考人台标
识线在坯布上画出标记。（图11-3-7）

8）取长方形样布一块，长＝腰线至设计下摆
的距离＋6厘米，宽＝前后分割线的距离＋
设计褶量，将布置于人台上与前后衣片
重合，用珠针固定，保持叠合部位的平
顺，将余量在腰部抽褶，把多余面料进
行粗裁，画出点影线。（图11-3-8）

9）取长＝设计领围＋10厘米、宽＝设计量＋5~
8厘米的斜纱面料一块，画出中心线。
操作参考第八章衣领翻领的步骤。（图
11-3-9）

图11-3-7

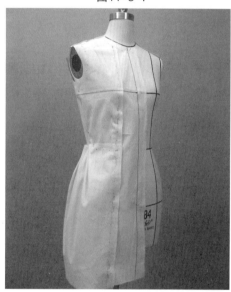

图11-3-8

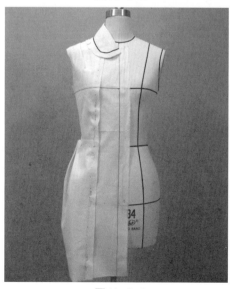

图11-3-9

10）两片袖结合平面制图组合完成，量取完成后的前后衣片袖窿长为制图参考。（图11-3-10）

11）将前后片各部分复合于人台，获得最终造型。（图11-3-11、图11-3-12）

12）将衣片从人台上取下，平铺于平台上，根据点影线精确画出标记线，并保留1厘米左右的缝份，其余的修剪掉，做平面修正，最终获得所需纸样。（图11-3-13）

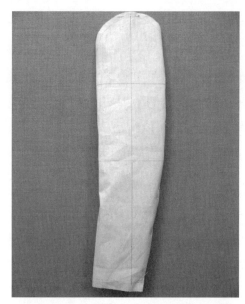

图11-3-10

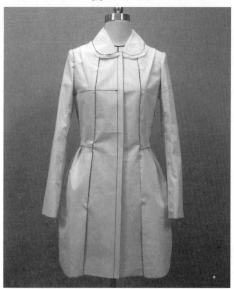

图11-3-11

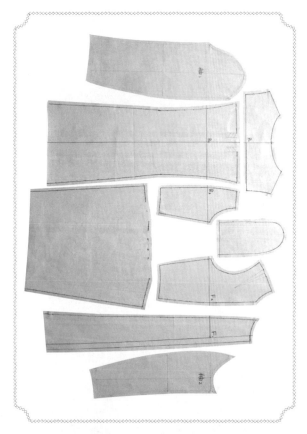

图11-3-13　平面展开图

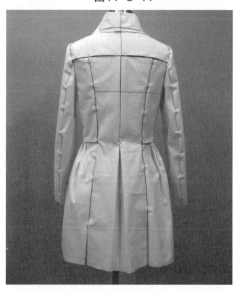

图11-3-12

3. 范例三　适体女西服

图11-4　平面款式图

款式说明：

　　此款服装为衣身纵向分割、单排扣的女士合体西服，配以西服领和两片袖，是一款较为合体的外套造型。

操作步骤：

1）在人台上加上垫肩，确定肩线及袖窿线，根据设计造型在人台上贴出前片标识线。注意领型的造型，贴完标识线后远离人台，观察整体效果。（图11-4-1）

2）取样布一块，长=衣长+10~15厘米，宽=前中心线至侧缝线的距离+20厘米，在距布边宽10厘米处画出前中心线，再确定胸围线。将样布与人台同名线复合并固定。（图11-4-2）

3）将领围处多余面料裁去，以人台所贴的标识线为基准，在布上贴出驳头的翻折线，并在驳头止口打一剪口便于翻折。（图11-4-3）

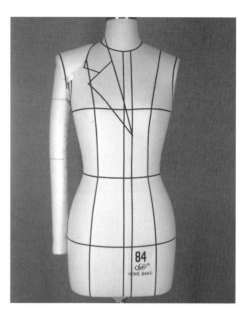

图11-4-1

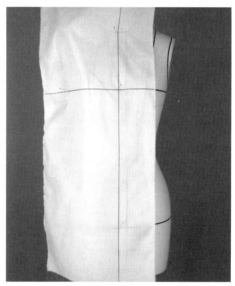

图11-4-2

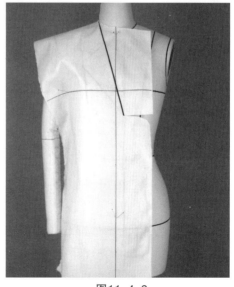

图11-4-3

4）从翻折线起将布进行翻折，贴出驳头的形状。（图11-4-4）

5）在胸宽处加入一定的松量，粗裁肩部与袖窿处多余的布料，一边设想袖窿线的位置一边捏出腰省，同时检查分割线的位置是否合理，并观察分割线的位置和形状以及外轮廓和总体的变化。（图11-4-5）

6）确定分割线经胸点稍偏侧处，同时将胸点周围的余量做归拢处理，并调整胸部隆起的轮廓造型，在布片上贴出分割线的位置，并粗裁侧边多余的布料，粗裁的同时注意不要移动胸围的松量。（图11-4-6）

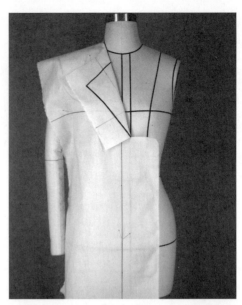

图11-4-4

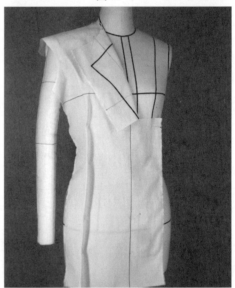

图11-4-5

图11-4-6

7）裁剪前侧片布料,长=肩部至衣长的距离+
6厘米,宽=分割线至侧缝线的距离+10厘
米,标出胸围线及垂直线，将样布与人台
同名线复合并固定。调整松量后与前衣
片拼合。操作时注意胸围、腰围及臀围
的松紧关系。（图11-4-7）

8）观察并调整完后，将肩部及分割线处的
多余面料进行粗裁。（图11-4-8）

9）粗裁袖窿底多余的布料，并在袖窿和腰
部的侧缝处打剪口，将侧片轻轻向前翻
折。（图11-4-9）

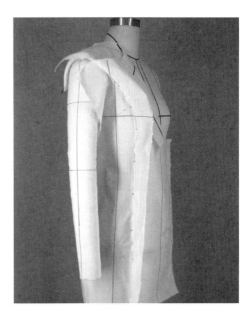

图11-4-7

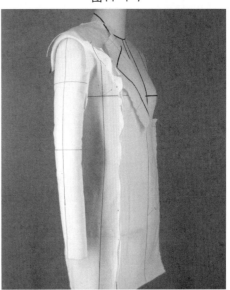

图11-4-8

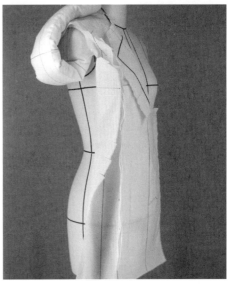

图11-4-9

10）取后片样布一块，长=衣长+10~15厘米，宽=后中心线至侧缝线的距离+20厘米，在距布边宽10厘米处画出后中心线，再确定胸围线以及背宽线。将样布与人台同名线复合并固定。（图11-4-10）

11）重新确定后中心线，从后颈点起贴标识线在胸围线略上的位置开始到腰围线处产生倾斜，腰部以下垂直贴出标识线。在肩胛骨的位置加入背宽的松量，捏出腰省并固定，检查分割线的位置。（11-4-11）

12）粗裁领部多余面料，在保证不移动背宽松量的情况下贴出分割线。（图11-4-12）

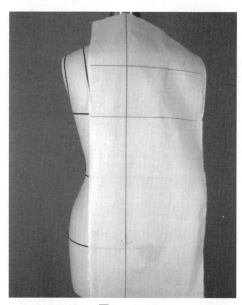

图11-4-10

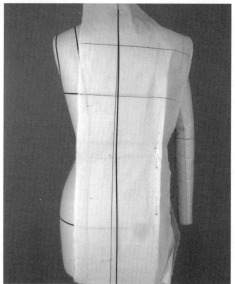

图11-4-11

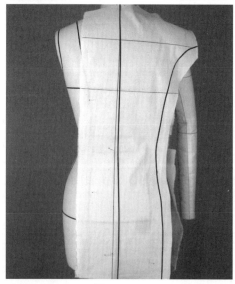

图11-4-12

13) 将前后片的肩缝进行拼合，注意缩缝量并粗裁。裁剪后侧片布料,长=背宽线至衣长的距离+6厘米,宽=后片分割线至侧缝线的距离+10厘米,标出胸围线及垂直线,将样布与人台同名线复合并固定。调整松量后与后衣片拼合并进行粗裁，同时打适量剪口。操作时注意胸围、腰围及臀围的松紧关系。（图11-4-13）

14) 进一步进行调整后，与前侧衣片拼合。操作时注意整体的效果，并标记袖窿最低点。（图11-4-14、图11-4-15）

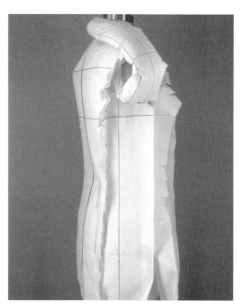

图11-4-13

图11-4-14

图11-4-15

15）用标识线贴出延长了的领口串线和领围线，操作时注意领围线的前后连接情况。同时对下摆进行折叠，观察并调整整体效果。（图11-4-16）

16）以人台的标识线为基准贴出袖窿线。注意前后片都只在袖窿的上半部分贴出标识线。同时将领进行翻折，确定钮扣的位置，装上口袋，注意口袋的位置及大小。（图11-4-17）

17）衣身调整好后，做整体检查，画出点影并确定各部位的对位标记。（图11-4-18）

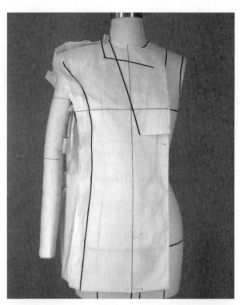

图11-4-16

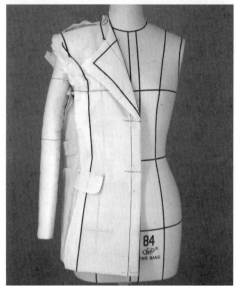

图11-4-17

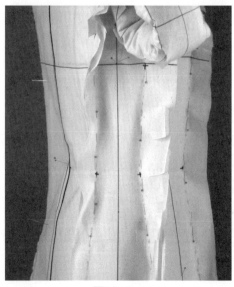

图11-4-18

18）将衣片从人台上取下，平铺于平台上，根据点影线精确画出标记线，并保留1厘米左右的缝份，其余的修剪掉，做平面修正，将衣身固定成型。（图11-4-19）

19）取一块长=35厘米、宽=18厘米的面料做基础领样，标出后中心线及水平基准线。为了方便操作，在距离后中心线2至2.5厘米处留1厘米缝份，自然地裁去多余布料。最后将样布与人台同名线复合。（图11-4-20）

20）把衣领围到脖子上，在领窝处打适量剪口，使其避免受到牵扯，打剪口的同时固定。（图11-4-21）

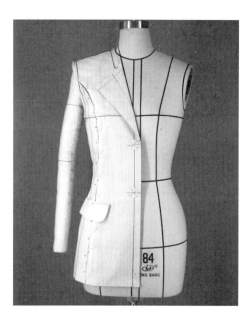

图11-4-19

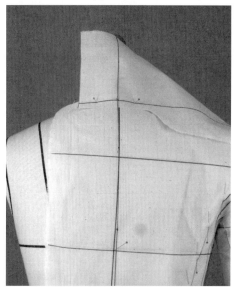

图11-4-20

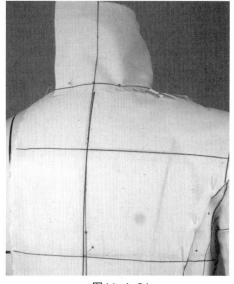

图11-4-21

21）在后中心线处确定领座后翻折好，并固定，注意后领宽应比后领座宽，注意翻折领领面的后中心线应与领座的后中心线对齐。为了操作方便，可将多余受牵扯的面料翻折向上。将基础领样的前端与驳头复合一致。（图11-4-22）

22）将两块布料组合起来，把基础领样安装在衣身领窝上，在基础领样上贴标识线，并按标识线做出外轮廓造型，操作时要注意其造型的美观。（图11-4-23）

23）整理好后，将领部的余布进行粗裁，画出点影，作好标记。将衣领从人台上取下，平铺于平台上，根据点影线精确画出标记线，并保留1厘米左右的缝份，做平面修正，驳领造型基本完成。（图11-4-24、图11-4-25）

图11-4-22

图11-4-23

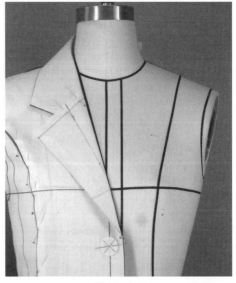

图11-4-24

24）为了观察整体效果，可安装假钮扣。
  （图11-4-25）

25）两片袖结合平面制图组合完成，量取完
  成后的前后衣片袖窿长为制图参考。
  （图11-4-26）

26）将两片袖进行组合，操作时将大袖片的
  净缝线压于小袖片上，用珠针固定，注
  意对位线应对齐。（图11-4-27）

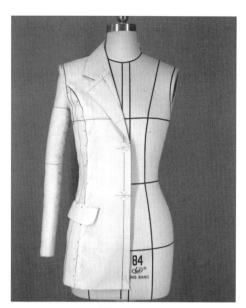

图11-4-25

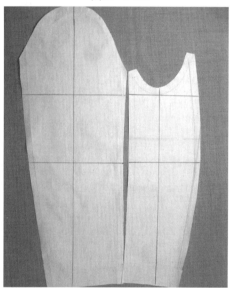

图11-4-26

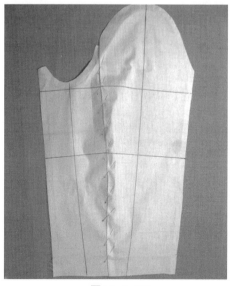

图11-4-27

27）用珠针固定外袖侧与内袖侧，注意对位
线应对齐。（图11-4-28）

28）将两片袖与衣身组合，与衣身上的袖
窿线对准，在袖底前后约2~3厘米的
地方用珠针固定。（图11-4-29、图
11-4-30）

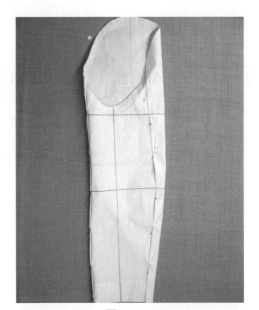

图11-4-28

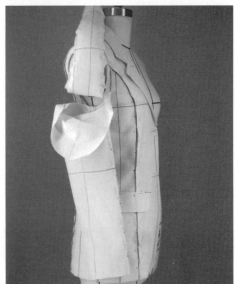

图11-4-29

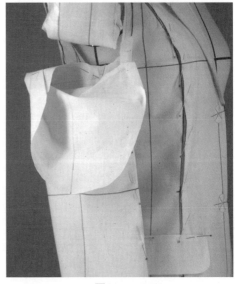

图11-4-30

29）把手臂放入衣袖中，在手臂自然下垂的
　　状态下装袖，将袖山缝折叠好，肩点与
　　袖山点对位后，用藏针法固定，并观察
　　固定成型的衣袖。（图11-4-31）

30）合体西服基本完成。（图11-4-32～图
　　11-4-35）

图11-4-31

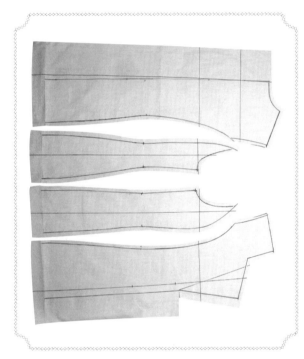
图11-4-34　平面展开图

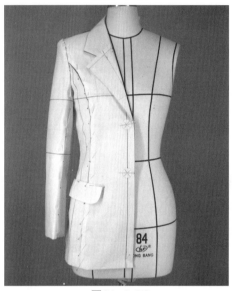
图11-4-32

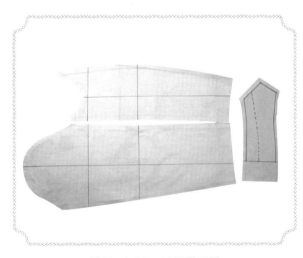
图11-4-35　平面展开图

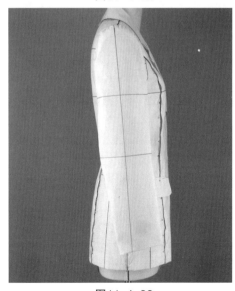
图11-4-33

三、松身型造型设计及其操作方法

1. 范例一　半松身圆摆女式衬衣

图11-5　平面款式图

款式说明：

　　此款服装加入了大量松量,为松身造型,采用翻领及袖口抽褶的一片袖,底摆为变化的曲线造型,是一款舒适又不缺乏细节变化的女士衬衣。

操作步骤：

1）在人台上加上假手臂,根据设计造型在人台上贴出领围线、门襟线、底摆线和上半部分袖窿线。（图11-5-1）

2）取长方形样布一块,长=衣长+10厘米,宽=前中心线到侧缝的距离+15厘米,画出前中心线、胸围线以及门襟线,将样布与人台同名线复合,并固定。（图11-5-2）

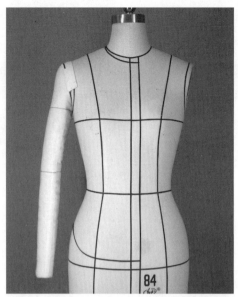

图11-5-1

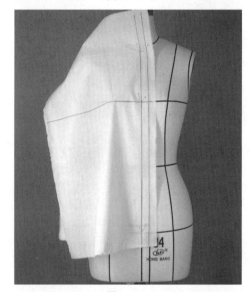

图11-5-2

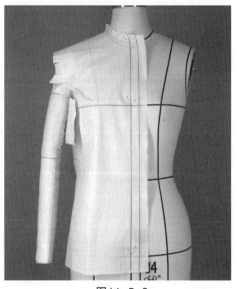

图11-5-3

3）将领口处粗裁，沿领口线打适量剪口，把余量推向袖窿处，使布料与领口贴服，固定肩点，将多余的量平顺的推至袖窿处集合，形成袖窿省并固定。再将袖窿及侧缝多余的面料进行粗裁，并打适量剪口。（图11-5-3）

4）进一步调整好松量，并把粗裁后的部位修剪整齐，在领围和底摆处点影线。（图11-5-4）

5）根据衣身后片的设计造型在人台上贴出后片的底摆线。（图11-5-5）

6）取后片长方形样布一块，长＝衣长+10厘米，宽＝后中心线到侧缝的距离+15厘米，画出后中心线、胸围线以及背宽线，将样布与人台同名线复合并固定。（图11-5-6）

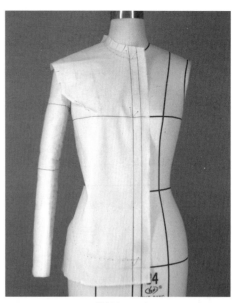

图11-5-4

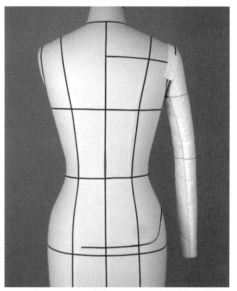

图11-5-5

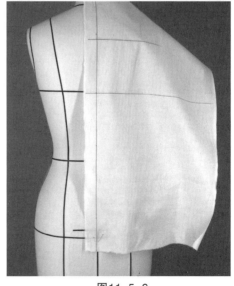

图11-5-6

7）将领口处粗裁，留有一定松量后把余量推向肩部及侧缝处，固定肩点及侧缝，再将袖窿及侧缝多余的面料进行粗裁，打适量剪口。（图11-5-7）

8）整理好后片衣身后，确认侧缝线。注意观察整体的松量是否合适。（图11-5-8）

9）确认好背部及臀部松量后，在后领围和底摆处做点影线。（图11-5-9）

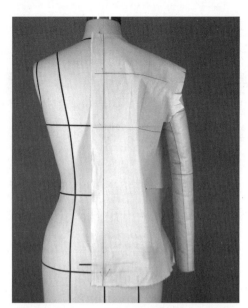

图11-5-7

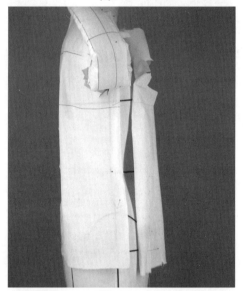

图11-5-8

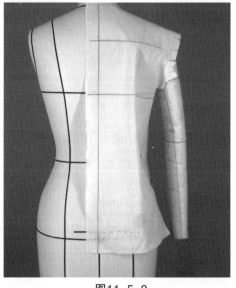

图11-5-9

10）将前后衣片的侧缝做别合整理，注意对位线应该对齐。并用标识带贴出袖窿线。（图11-5-10）

11）将假手臂抬起，检查袖窿线是否圆顺，进行调整。（图11-5-11）

12）将衣片从人台上取下，平铺于平台上，根据点影线精确画出标记线，并保留1厘米左右的缝份，其余的修剪掉，做平面修正，将衣身固定成型。（图11-5-12）

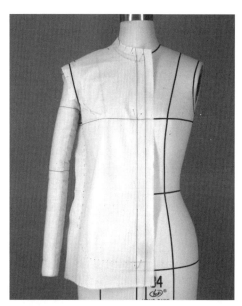

图11-5-10

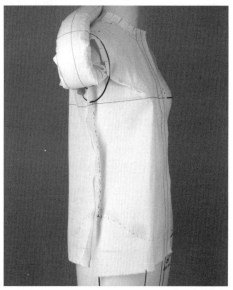

图11-5-11

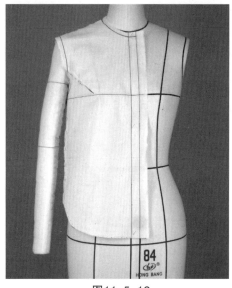

图11-5-12

13）一片袖结合平面制图组合完成，量取完成后的前后衣片袖窿长为制图参考。注意应留有袖口用于抽褶的松量。将一片袖与衣身的袖窿底对准固定，进行袖子的安装。（图11-5-13）

14）在装袖的过程中，将手臂稍向前45度左右弯曲，以装袖线为准，在衣身的前后腋点附近确认袖子的位置，固定后检查袖子的袖山高是否合适，修正到位后完成袖子。（图11-5-14）

15）在袖口进行褶裥处理，操作时注意褶皱的均匀以及倒向，调整好后用珠针固定。（图11-5-15）

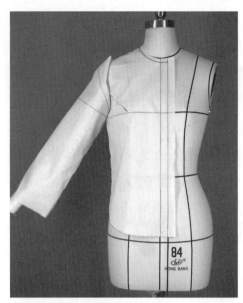
图11-5-13

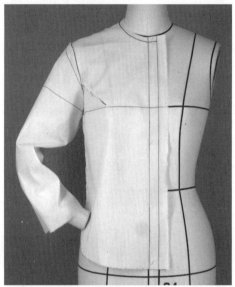
图11-5-14

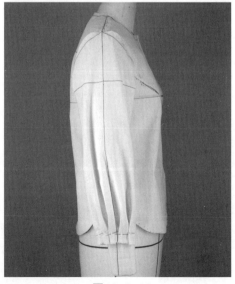
图11-5-15

16）将袖克夫熨烫好后，安装在袖口处，袖子及衣身的操作基本完成。（图11-5-16、图11-5-17）

17）取一块长=35厘米、宽=18厘米的样布做领子，标出后中心线及水平基准线。为了方便操作，在距离后中心线2~2.5厘米处留1厘米缝份，自然地裁去多余布料。最后将样布与与人台同名线复合。（图11-5-18）

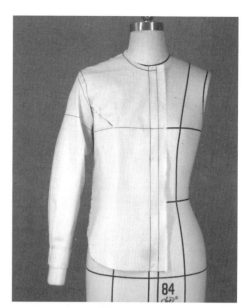

图11-5-16

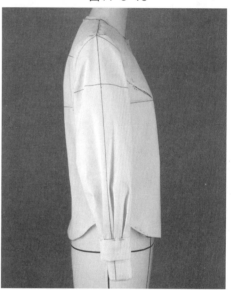

图11-5-17

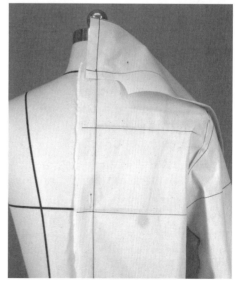

图11-5-18

18）将领部面料沿领窝底线顺势平铺，领下端不平处打剪口使其平顺，避免受到牵扯，同时固定。（图11-5-19）

19）在后中心线处确定领座后翻折好，并固定，注意后领宽应比后领座宽，注意翻折领领面的后中心线应与领座的后中心线对齐。（图11-5-20）

20）为了操作方便，可将多余受牵扯的面料翻折向上，调整翻折线的造型。（图11-5-21）

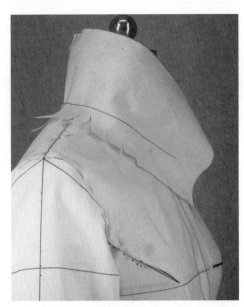

图11-5-19

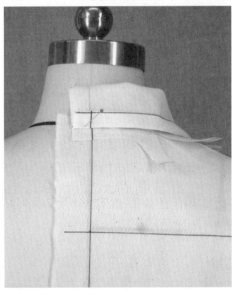

图11-5-20

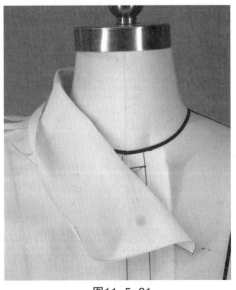

图11-5-21

20）整理好翻领形态后用标识带做出翻领的
造型。（图11-5-22）

20）将领子翻开，根据人台的领围线画出点
影。（图11-5-23）

21）将领片从人台上取下，平铺于平台上，
根据点影线精确画出标记线，并保留缝
份，其余的修剪掉，做平面修正，熨烫
好后固定成型。（图11-5-24）

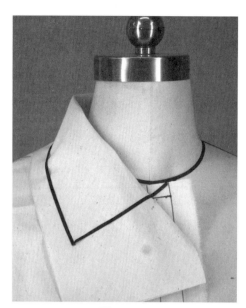

图11-5-22

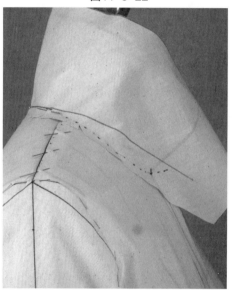

图11-5-23

图11-5-24

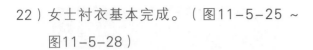

22）女士衬衣基本完成。（图11-5-25 ～
图11-5-28）

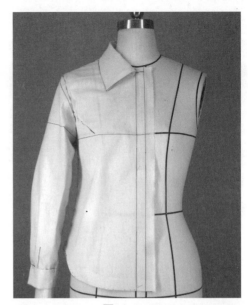

图11-5-25

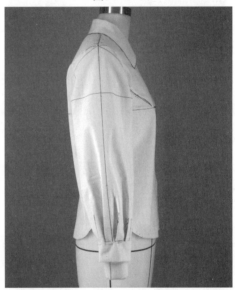

图11-5-26

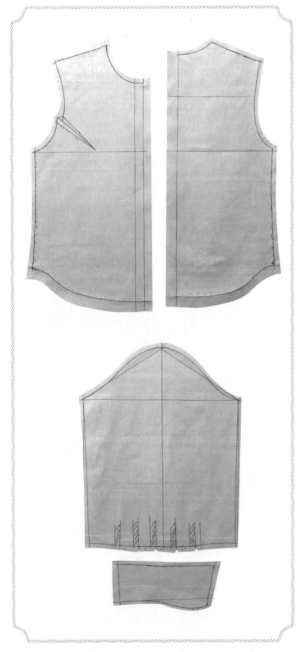

图11-5-28　平面展开图

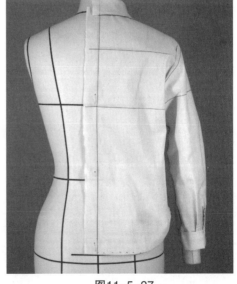

图11-5-27

　服装立体裁剪基础

2. 范例二　曲线分割长外套

图11-6　平面款式图

款式说明：

　　此款外套为曲线分割、立领、袖口抽褶一片袖造型，造型较宽松，操作时应注意整体松量的把握。

操作步骤：

1）根据设计在人台上贴出标识线，适当加大领围线和袖窿线，注意左右对称。由于服装造型宽松，需加垫肩做人台补正。（图11-6-1）

2）取样布一块，长=侧颈点至设计分割线的距离+6~10厘米，宽=前中心线至侧缝线的距离+10厘米，画出前中心线和胸围线。将样布与人台同名线复合推平顺，留取松量并粗裁，在坯布上标出标记。（图11-6-2）

3）取样布一块，长=分割线至设计下摆的距离+6厘米，宽=前中心线至侧缝线的距离+10厘米，画出前中心线。调整好松量后将余量在胸点下方捏出两个省，粗裁多余面料并做标记。（图11-6-3）

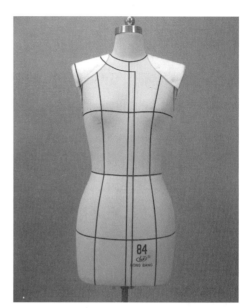

图11-6-1

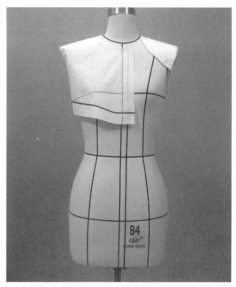

图11-6-2

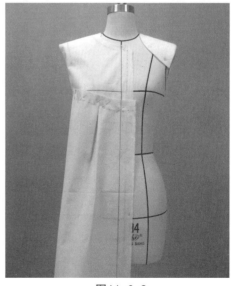

图11-6-3

4）根据设计造型在人台上贴出后片标识线，注意前后造型的对称。取后片样布一块，长=侧颈点至后背分割线的距离+6~10厘米，宽=背宽+10厘米，画出后中心线。将样布与人台同名线复合，在留有一定的松量的基础上将布料顺势抚平至侧缝，并重合前后侧缝线，用珠针固定，在坯布上标出分割线，将多余面料进行粗裁。（图11-6-4）

5）另取后片样布一块，长=后背分割线至设计下摆的距离+6厘米，宽=后中心线至侧缝线的距离+10厘米，画出后中心线。置于人台上抚平顺，留取松量时应注意与前片松量的一致，作好标记后将多余面料进行粗裁。（图11-6-5）

6）立领的立裁参考第八章衣领立领的操作步骤。同样注意衣领与衣身整体松量一致。（图11-6-6）

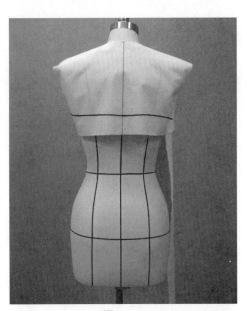

图11-6-4

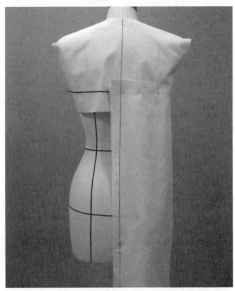

图11-6-5

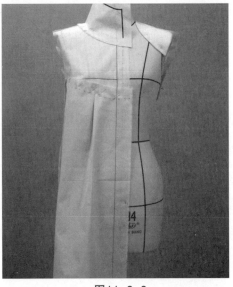

图11-6-6

7）一片袖结合平面制图组合完成，量取完
　　成后的前后衣片袖窿长为制图参考。
　　（图11-6-7）

8）将前后片各部分复合于人台，把袖子装
　　在衣身上，对袖口进行抽褶，调整好整
　　体造型后加上熨烫好的袖克夫，获得最
　　终造型。（图11-6-8、图11-6-9）

9）将衣片从人台上取下，平铺于平台上，
　　根据点影线精确画出标记线，并保留1
　　厘米左右的缝份，其余的修剪掉，做
　　平面修正，最终获得所需纸样。（图
　　11-6-10）

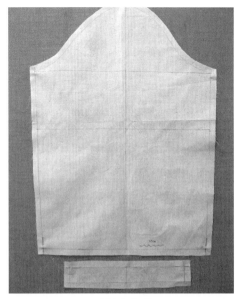

图11-6-7

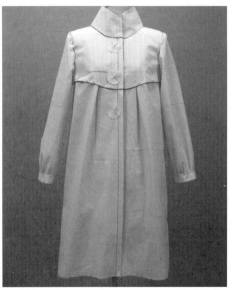

图11-6-8

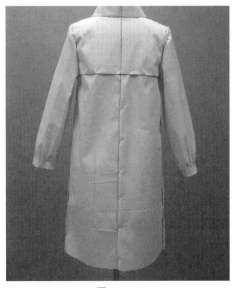

图11-8-9

图11-6-10　平面展开图

3. 范例三　松身型短外套

图11-7　平面款式图

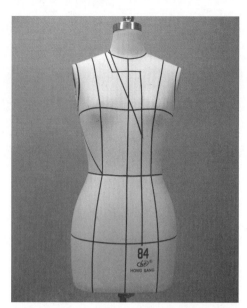

图11-7-1

款式说明：

此款服装为宽松的翻驳领西服造型，衣身斜向分割结合叠褶，整体设计富有变化。

操作步骤：

1）根据设计造型在人台上贴出前片标识线。因身体活动量的要求，需适当加大袖窿线。（图11-7-1）

2）取样布一块，长=衣长+6至10厘米，宽=前中心线至侧缝线的距离+20厘米，画出前中心线和胸围线。将样布与人台同名线复合，在留有一定松量的基础上将余量捏袖窿省，保持衣身平顺，粗裁多余样布，参考人台标识线在坯布上标出标记。（图11-7-2）

3）参考人台分割线将样布剪开，注意留有缝份。（图11-7-3）

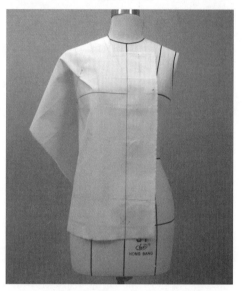

图11-7-2

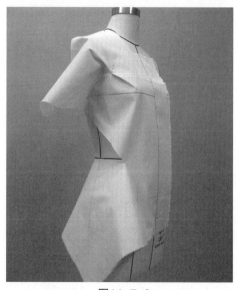

图11-7-3

4) 将剪开后的多余样布向下叠褶，操作时注意不要牵扯，保持衣身平顺，把握整体的松量。（图11-7-4）

5) 进一步调整下摆叠褶，确定最终造型后，将多余的面料进行粗裁。（图11-7-5）

6) 根据设计造型在人台上贴出后片标识线，注意前后造型的对称。取后片样布一块，长=后腰节长+6~10厘米，宽=胸围/2+10厘米，画出后中心线和胸围线。将样布与人台同名线复合，布料顺势抚平至侧缝，并固定侧缝线，余量推至背宽线下方，形成腰省量并用珠钉固定，注意留有一定的松量，并在下摆处打适量剪口。参考人台标识线在坯布上标出侧面分割线，将多余面料进行粗裁。（图11-7-6）

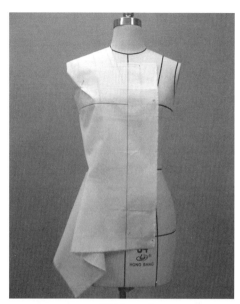

图11-7-4

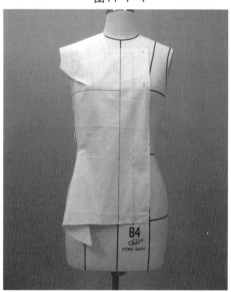

图11-7-5

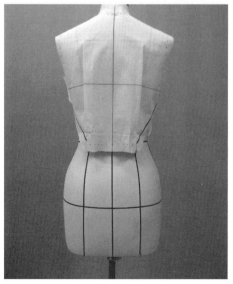

图11-7-6

7）另取后片样布一块，长＝腰线至设计下摆的距离＋6厘米，宽＝臀围/2＋10厘米，画出后中心线。把样布与人台同名线复合，以后中心线为基准线，将两侧样布向中心叠褶，注意操作的对称。（图11-7-7）

8）根据侧片造型量取布一块，加放6厘米，置于人台上抚平顺，因腰部弧度较大，需在侧缝及上下造型线处打适量剪口，保持整体衣身的松量一致，调整好造型后进行粗裁，按造型线画出点影。（图11-7-8）

9）西服领的操作参考第八章衣领、驳领的立裁步骤。同样注意衣领与整体衣身的松量一致。（图11-7-9）

10）两片袖结合平面制图组合完成，量取完成后的前后衣片袖窿长为制图参考，步骤参考第九章衣袖。（图11-7-10）

11）将前后片各部分复合于人台，获得最终造型。（图11-7-11、图11-7-12）

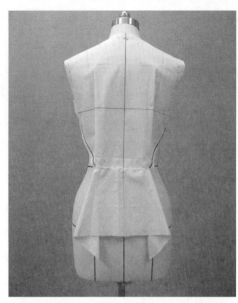

图11-7-7

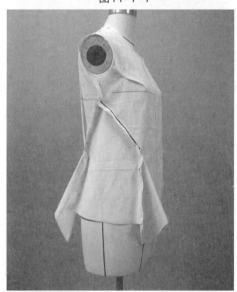

图11-7-8

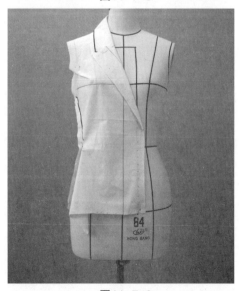

图11-7-9

12）将衣片从人台上取下，平铺于平台上，根据点影线精确画出标记线，并保留1厘米左右的缝份，其余的修剪掉，做平面修正，最终获得所需纸样。（图11-7-13）

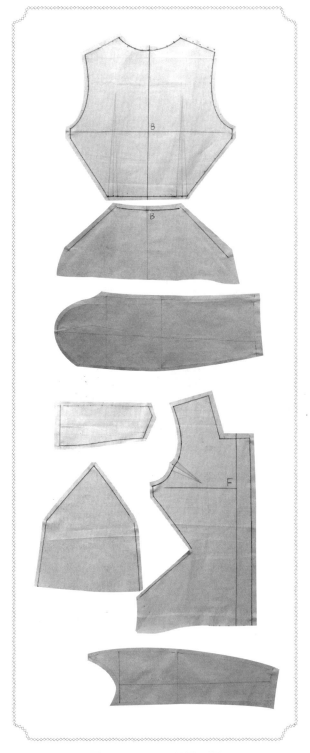

图11-7-13　平面展开图

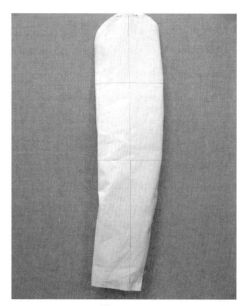

图11-7-10

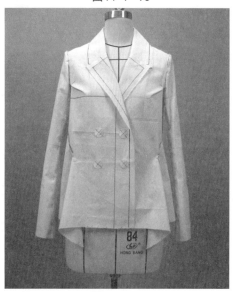

图11-7-11

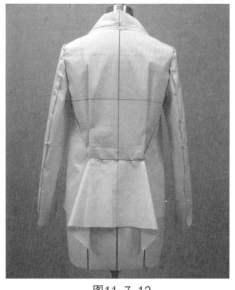

图11-7-12

第十一章　服装整体造型综合运用　**201**

四、运用拓展与作品赏析

1. 运用拓展（图11-8～图11-19）

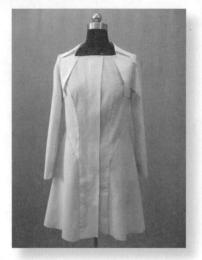

图11-8

图11-9

图11-10

图11-11

图11-12

图11-13

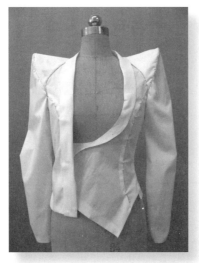

图11-14 图11-15

图11-16 图11-17

图11-18 图11-19

2. 作品赏析（图11-20～图11-30）

图11-20

图11-21

图11-22

图11-23

图11-24

图11-25

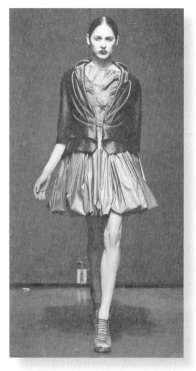

图11-26

图11-27

图11-28

图11-29

图11-30

后 记

　　本书从有出版意向到出版，由于中间作者出国学习等多方原因，成书时间相对较长，幸而东华大学出版社的编辑对我的鼓励，才使得本书终能付梓！

　　本书在编撰过程中得到了我的两位研究生付雪和李莉的大力协助。付雪和李莉是两位高素质的学生，她们勤奋向上，为人谦逊，无论是在学习和工作中都表现出了高度的责任心和高尚的人格，我从不掩饰对她们的欣赏，感谢她们的辛勤工作，也借此机会祝愿她们在未来的学习和工作中更加出色。

　　同时也要感谢我的另外三位研究生赵苗、杨叶娟和李兰兰，她们协助完成了部分插图的绘制和编辑工作，尽管她们的学习才刚刚起步，但我同样能够感受到她们积极进取的精神和认真的学习态度。

　　本书中的部分图片为杨德慧、黄雪丽、彭亮、方梦云、张君颖、卢文、陈琛、卫肖、白阮小雪、苏宁等同学的课堂习作，在此一并感谢！

　　感谢所有关心和帮助过我的人！

陶　辉